改訂新版

図解
ネットワーク
仕事で使える基本の知識

Basic and Useful
Knowledge of Network

増田若奈・根本佳子 著
Wakana Masuda, Kako Nemoto

技術評論社

<<< 注 意 事 項 >>>

* 本書に記載された内容は、情報の提供のみを目的としています。したがって、本書を用いた運用は、必ずお客様自身の責任と判断によって行ってください。これらの情報の運用の結果について、技術評論社および著者はいかなる責任も負いません。

* 本書記載の情報は、特に断りのない限り、2018年4月現在のものを掲載しています。本文中で解説しているWebサイトなどの情報は、予告なく変更される場合があり、本書での説明とは画面図などがご利用時には変更されている可能性があります。

* 以上の注意事項をご承諾いただいた上で、本書をご利用願います。これらの注意事項をお読みいただかずに、お問い合わせいただいても、技術評論社および著者は対処できません。あらかじめ、ご承知おきください。

* 本文中に記載されているブランド名や製品名は、すべて関係各社の商標または登録商標です。
  なお、本文中に®マーク、©マーク、™マークは明記しておりません。

はじめに

　インターネットをはじめとするネットワークは、私たちの生活に欠かせないものとなりました。スマートフォンやPC、ゲーム機などで簡単にネットワークに接続し、多彩な機能を持ったネットワークサービスを利用できます。ユーザー側から見ればより身近で便利になったということですが、ネットワークを構築・管理し、ユーザーにネットワークサービスを提供する側には高度なスキルが要求されるようになりました。

　本書は、ユーザーの側から、ネットワークを構築・管理する側になるために必要となるネットワークの基礎知識を解説しています。新版ではクラウド、IPv6、ウェブアプリケーションの仕組みなど、現在のネットワークで広く使われている事柄についての解説を追加しました。

　今まであまり意識せずにネットワークに接していた人には、難しいと思えるかもしれません。専門用語も多く出てきます。しかし、これまで気にしていなかったデータの流れを意識すれば、実はそれほど難しくはありません。複雑に見える仕組みも、実は非常に合理的であることに気付くでしょう。

　また、本書では1つの技術に特化するのではなく、基礎知識を広く解説する構成となっています。本書だけでネットワークやサーバーを構築することはできませんが、構築・管理していくうえで知っておきたいネットワーク全体の知識を一通りまとめてあります。

　全体がわからなくてもいいから、今すぐ使える技術だけ学びたいと思うかもしれません。しかし、ネットワークには多くのサーバーやネットワーク機器が参加しており、それぞれが役割を分担してデータを運んでいます。そのため、ある1つの技術を理解するためには、ネットワークの基礎知識を持っていることが大切です。

　後々、専門書などを開いたときに、本書に登場した仕組みが出てきて「そういえばあのとき読んだな」と、思い出していただければ幸いです。

増田若奈

目 次
Contents

Chapter 1

ネットワークの基礎知識 *11*

1 学習するにあたって意識すべきこと
ネットワークの学習は難しい?.. *12*

2 プロトコルの基礎知識
プロトコルはフォーマットとプロシージャで構成される................. *14*

3 プロトコルの構造
プロトコルはレイヤ構造をとる.. *16*

4 2種類のネットワーク
LAN とインターネットの違い.. *18*

5 ネットワークの代表的な2つの形態
クライアント／サーバー型とピア・ツー・ピア型の違い.................. *20*

6 サーバーの役割
サーバーはネットワークサービスを提供する............................... *22*

7 接続に必要なもの
インターネットに接続するには.. *24*

8 回線と通信とサービスを揃える
ISP と回線事業者の役割.. *26*

9 光ファイバーによる高速データ通信
FTTH の仕組み.. *28*

Column ADSL の仕組みと現在.. *30*

Chapter

2

TCP/IP を知る

31

1 データをスムーズにやり取りするための基本構造
ネットワークアーキテクチャとOSI参照モデル.............................*32*

2 ネットワークでやり取りされるのは「パケット」
回線交換方式とパケット交換方式....................................*34*

3 TCP/IP プロトコルスタックのデータ処理
ネットワーク標準のプロトコル「TCP/IP」.............................*36*

4 イーサネットとPPP
ネットワークインターフェイス層の役割...............................*38*

5 IPアドレスの管理と経路選択をするIP
インターネット層の役割..*40*

6 TCPとUDPの仕組み
トランスポート層の役割...*42*

7 3ウェイハンドシェイクでSYNとACKをやり取り
TCPの通信手順...*44*

8 HTTP、SMTP、POP3などがサービスを提供
アプリケーション層の役割..*46*

9 メールのデータはどのようにやり取りされるのか
TCP/IPネットワークでの各レイヤの働き..............................*48*

Column TCP/IPとOSI参照モデルではパケットの呼び分け方が異なる...*50*

5

Chapter 3

TCP/IPでコンピュータや機器を識別する仕組み　51

1　インターネットで使われるプロトコル
TCP/IPの各レイヤが相手を識別する仕組み 52

2　TCPやUDPの役割
トランスポート層で使われるポート番号 54

3　特定の用途に使うウェルノウンポート番号
ポート番号の種類 56

4　IPアドレスの役割
インターネット層で使われるIPアドレス 58

5　クラスはネットワークの規模や種類で使い分ける
IPアドレスのクラス 60

6　2種類のIPアドレス
グローバルIPとプライベートIP 62

7　ネットワークを分割する
サブネットマスクとは 64

8　さらにIPアドレスを効率的に使う
VLSMとCIDR 66

9　人間にわかりやすくしたのがドメイン名
IPアドレスとドメイン名 68

10　メーカーがNICに付ける識別子
ネットワークインターフェイス層で使われるMACアドレス 70

11　特殊用途のIPアドレス①
ブロードキャストでネットワーク全体に送信 72

12　特殊用途のIPアドレス②
マルチキャストで特定のグループに送信 74

13　データのやり取りにはMACアドレスが必要
ARPでIPアドレスに該当するMACアドレスを求める 76

14　IPv6アドレスの仕組み
次世代のIP「IPv6」とは 78

Column　整いつつあるIPv6環境 80

6

Chapter

LANで使われている技術 81

1 | 2つの代表的ネットワーク
LANとWAN ………………………………………………………… 82

2 | ゲートウェイの役割
ゲートウェイを設置してほかのネットワークと接続する ……… 84

3 | ルーターの役割
データの道筋を決めるルーティング ……………………………… 86

4 | 2つのルーティング
スタティックルーティングとダイナミックルーティング ……… 88

5 | ルーターのリンク情報の交換
ルーティングプロトコルを使ってルーター同士が通信 ………… 90

6 | ファイル共有、プリンタ共有、グループウェア
LAN内で提供されるネットワークサービス …………………… 92

7 | IPアドレスなどを自動的に設定する
DHCPサービスの仕組み ………………………………………… 94

8 | コンピュータやユーザーの情報を一元管理
ディレクトリサービスを導入する ………………………………… 96

9 | グローバルIPとプライベートIPの変換
NATとNAPT ……………………………………………………… 98

10 | インターネットを利用して専用線を作る
VPNの仕組み ……………………………………………………… 100

11 | 無線LANは便利だがセキュリティ対策が必須
無線LANの仕組み ………………………………………………… 102

12 | 全二重通信と半二重通信
イーサネットはCSMA/CDでデータの衝突を防ぐ …………… 104

Column **ネットワークの形態を表すネットワークトポロジー** ………… 106

7

Chapter 5

ネットワークサービスの仕組み   107

1 HTTPリクエストとHTTPレスポンス
ウェブサービスの仕組み.. 108

2 メール送信の仕組み
メールを届けるSMTPサービス.. 110

3 メール受信の仕組み
メールをユーザーが受け取るためのサービス..................... 112

4 利用に注意が必要なSMTPサーバー
SMTPサービスを安全に運用するための技術..................... 114

5 FTPサーバーの仕組み
ファイルを転送するFTPサービス..................................... 116

6 ドメイン名とIPアドレスを対応させる仕組み
インターネットを支えるDNSサービス................................ 118

7 プロキシによるセキュリティとキャッシュの効果
クライアントの「代理」になるプロキシサービス..................... 120

8 NTPサーバーで時刻を合わせる仕組み
NTPサービスを利用して正確な時刻を取得....................... 122

9 WWWの仕組み
ウェブページを構成する技術... 124

10 ウェブアプリケーションを実現する仕組み
ウェブアプリケーションとは.. 126

11 ウェブページを自動生成する
CMSでサイトを管理... 128

12 ディレクトリ型検索とロボット型検索
検索サイトの仕組み... 130

13 動画配信の3つの方法
ネットワークで動画を配信する.. 132

14 コメントとシェア機能
ブログの仕組み... 134

15 高速インターネット回線で普及
クラウドコンピューティングとは.. 136

8

16 3つのクラウドコンピューティング
用途に合わせて選ぶクラウドコンピューティングの種類............ 138

Column 固定電話のIP化.. 140

Chapter

ネットワークセキュリティを強固にする

141

1 いろいろあるネットワーク内外の危険
ネットワークを利用するならセキュリティは必須...................... 142

2 セキュリティ対策の基本となるファイアウォール
ファイアウォールを構築して不正侵入を防ぐ............................. 144

3 レイヤ別ファイアウォールの働き
ファイアウォールの種類.. 146

4 サーバーを公開するときに必須
DMZを構築する.. 148

5 データの動きを監視して危険を察知する
IDSとIPSの仕組み.. 150

6 巧妙になるウイルスの被害
ウイルスとは.. 152

7 3種類あるウイルス対策ソフト
ウイルス対策ソフトを導入する.. 154

8 不適切なデータを遮断する
コンテンツフィルタリングとは.. 156

9 いろいろある情報漏洩対策
ユーザーからの情報漏洩を防ぐ.. 158

10 グローバルIPで判明する企業・団体名
社内からの書き込みは相手に簡単にわかってしまう 160

11 データを暗号化して改ざんや盗み見を防ぐ
ウェブサービスで使われる暗号化技術「SSL/TLS」................... 162

12 ユーザーに徹底すべきセキュリティの基本
ネットワークを安全に利用するために....................................... 164

Column 暗号化したデータでウェブサイトを利用できるHTTPS............. 166

| 9

Chapter 7

ネットワークの構築と管理　　167

1 どんなネットワークで何をするか
ネットワーク構成を考える 168

2 構成が一目でわかり、運用・管理にも役立つ
ネットワーク構成図を描く 170

3 まず必要なのはコンピュータとOS
サーバー用のハードウェアとソフトウェアを用意する 172

4 ハブ、スイッチ、ルーターの違い
さまざまなネットワーク機器 174

5 ネットワークをグループ分け
ネットワークを小さなネットワークに分割する 176

6 回線契約時にしておくべきこと
インターネットに接続する 178

7 カテゴリ別ツイストペアケーブル
LANケーブルで機器を接続する 180

8 サーバー、ネットワーク、ストレージの冗長化
冗長化とは 182

9 SNMPを使った管理システム
ネットワークを監視して円滑に運用する 184

10 障害の原因は順序立てて調べる
障害の原因を「切り分け」で突き止め対処 186

11 運用・管理は業者に任せた方がよい場合もある
アウトソーシングを活用する 188

Index 190

Chapter

1

ネットワークの基礎知識

本章では、プロトコルの概念と仕組み、LANとインターネットの違い、ネットワークの形態、ネットワークへの接続、サーバーとは何かについてなど、基礎的な知識について解説します。

学習するにあたって意識すべきこと

ネットワークの学習は難しい？

> 細かな仕組みや技術に取りかかる前に意識しておきたい3箇条

　ネットワークの知識を身に付けようと書籍やウェブサイトで勉強を始めたが、ちっとも理解できない。ネットワークは難しい。そう思っている人は多いと思います。たしかにネットワークの学習は難しいものですが、それぞれの仕組みや技術に取りかかる前に、次のような点を意識するとスムーズに理解できます。ぜひ試してみてください。

● ネットワークを使う側から提供する管理者側の視点に切り替える

　ネットワークサービスを提供する管理者になった気持ちで考えましょう。メールの仕組みは、自分で作成したメールが相手に届くまでの仕組みではなく、自ネットワーク内のユーザーが作成したメールを、他ネットワーク内の相手ユーザーにまで届ける仕組みです。そのためにはどうすればよいのかを考えると、自然とメールサービスが機能するために必要なものがわかります。

● データの中身ではなくデータのやり取りの流れを意識する

　「ネットワークにつながっている」とは、ネットワークを通じてデータをやり取りできる状態にあることです。身近なネットワークサービスでは、やり取りするデータの内容や見せ方に目がいってしまいがちです。また、見た目が似ていれば同じものと考えがちです。そうではなく、データがネットワークの中でどのように流れ、どのように処理されるかに注目してください。

● 各技術や仕組みはデータのやり取りをするためにあることを意識する

　ネットワークの技術や仕組みは、効率よく相手とデータをやり取りすることを最終目的として考え出されています。それぞれの技術や仕組みの細かい特徴だけにとらわれていると、それらがネットワーク全体でどのような位置を占めているのかを見失います。データをやり取りすることが目的であることを常に意識しましょう。

ネットワークの学習の仕方

ネットワークを使う側から提供する管理者側の視点に切り替える

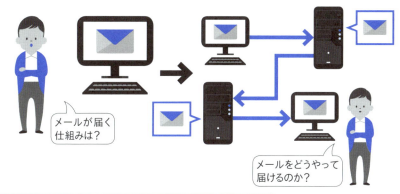

データの中身ではなくデータの流れを意識する

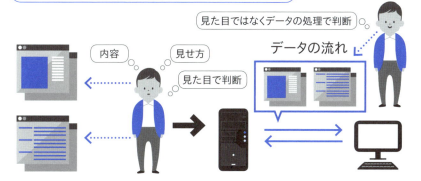

各技術や仕組みはデータのやり取りをするためにあることを意識する

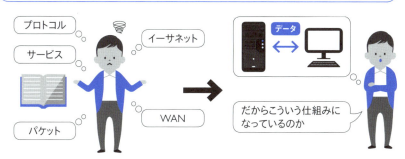

Chapter 1

2

プロトコルの基礎知識

プロトコルはフォーマットと プロシージャで構成される

やり取りするデータの構成とやり取りの手順を決める

　ネットワークを通じてデータをやり取りするには、ネットワークに参加している コンピュータや機器が「データのやり取りはこのように行う」という決まり事に 沿って行う必要があります。その決まり事をまとめたものが**プロトコル**です。同 じプロトコルに対応していれば、機器の種類、メーカーなどに関係なくデータ をやり取りできます。複数のプロトコルをひとまとめにして、**プロトコル群**と呼ぶ こともあります。多くのネットワークで採用されている**TCP/IP**（36ページ参 照）はプロトコル群の1つです。

　プロトコルは**フォーマット**と**プロシージャ**で構成されています。フォーマットは、 必要な情報の表記方法や情報のある場所など、やり取りするデータがどのよ うな構成になっているかの決まり事です。**情報構造**ともいいます。これを決め ておかないと、データを送っても受け取った方はどう処理するのかわかりません。 プロシージャは、データのやり取りの手順に関する決まり事です。**通信手順** ともいいます。データのやり取りを始めるとき、終了するとき、エラーが起きた ときなどにどうするのかを決めています。これを決めておかないと、いつデータ のやり取りが始まり、いつ終わるのかわかりません。

　電話での会話で例えてみましょう。注文番号で商品を発注するシーンをイ メージしてください。フォーマットは「これだけはお互いにわかっていないと話 が通じない」事柄を決めていますが、ここでは「注文番号」がフォーマット に当たります。お互いが「注文番号」を理解していないと会話は成立しませ ん。プロシージャは電話をかけて相手と会話を始めるところまでの手順、会話 が終わった後の手順に関する決まり事です。

　各プロトコルの詳細な仕組みを学ぶときは、プロトコルがフォーマットとプロ シージャで構成されていることを思い出してください。その仕組みがフォーマッ トなのか、プロシージャなのかを考えるだけでも理解が進みます。

14

プロトコルとは

- ●フォーマット（情報構造）
  データの構成に関する決まり事
- ●プロシージャ（通信手順）
  データデータをやり取りするときの手順に関する決まり事

電話で例えると……

Chapter 1

3 プロトコルの構造

プロトコルは
レイヤ構造をとる

各レイヤが順番に作業して1つのデータのやり取りの流れを作る

　ネットワーク、特にプロトコルについて学ぶときに必ず理解しておきたいのが**レイヤ構造**です。**階層構造**とも呼びます。14ページで例に挙げた電話での会話で考えてみましょう。実際に電話で会話を始めるまでに「相手の電話番号を知る→電話機を操作する→電話がつながったら相手を呼び出してもらう→相手が出たら会話を始める→会話をする」と順番に複数の作業を行っています。この作業1つ1つがレイヤに当たります。そして、それぞれの作業に対して「電話番号を知るにはこうする」などの決まり事（＝プロトコル）が存在します。電話番号を知るためのプロトコルに沿って電話番号を知り、次に電話機を操作するプロトコルに沿って電話機を操作し……と進めていきます。

　ネットワークにおけるデータのやり取りも方法は同じです。データのやり取りに必要な作業がレイヤに分かれていて、各レイヤのプロトコルに沿って順番に処理していきます。それぞれのレイヤには役割があり、具体的な作業方法、つまりプロトコルの詳細は異なっていても役割は同じです。

　わざわざレイヤに分けなくても「電話のかけ方」のプロトコルとして1つにまとめてしまえば簡単なように思えます。しかし、そうすると電話機を買い換えたときなど一部の作業方法が変わった場合、ひとまとめになったプロトコル全体を変えなければなりません。レイヤに分けておけば、電話機の操作方法のプロトコルだけを変えれば済みます。ネットワークでも同じで、**あるレイヤのプロトコルを別のものに変えても、ほかのレイヤは影響を受けずそのまま使えます**。

　プロトコルを学ぶときはそのプロトコルがどのレイヤに属しているのか、そしてそのレイヤはどんな作業を担当していて役割は何なのかを意識すると、より理解が深まるでしょう。

16

プロトコルのレイヤ構造

プロトコルの仕組み

プロトコルを電話で考えてみよう
電話のかけ方のプロトコル（決まり事）

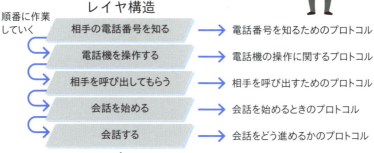

データのやり取りのプロトコルも考え方は同じ

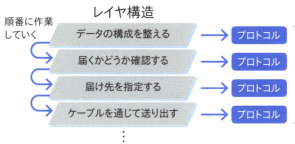

（一部の作業方法が変わったとき）

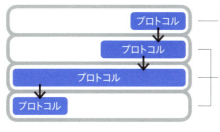

このレイヤのプロトコルを別のプロトコルに変えても…

ほかのレイヤのプロトコルは同じものでよい

1つにまとめてしまうと全体を変更しなければならない

Chapter 1 ▶ 3　プロトコルはレイヤ構造をとる　17

2種類のネットワーク

LANとインターネットの違い

> ネットワーク全体を管理できるかどうかが違う

　LANとはLocal Area Network（ローカルエリアネットワーク）の略称で、**同じ建物や敷地内にあるネットワーク**という意味です。企業ネットワークや家庭内ネットワークはLANです。

　LANは、規模の大小に関わらず**ネットワーク全体を管理できる**のが特徴です。どのコンピュータや機器がLANに接続しているのかや、提供されているネットワークサービスの状況、各コンピュータがどのようにネットワークを使用しているのかがすべてわかります。LANの外部から許可なくLANに接続してデータをやり取りすることはできません。そのため、企業の機密情報などの外部に漏れては困るデータも、LANの中なら安心してやり取りできます。

　LANが、許可されたものだけが利用できる**「閉じられたネットワーク」**だとしたら、複数のコンピュータが役割を分担して全体が機能する分散型のネットワークであるインターネットは**「開かれたネットワーク」**といえます。インターネットに接続するために誰かの許可を取る必要はありません。インターネットに接続するために必要なものを揃えれば、誰でも自由に接続できます。**インターネットの一部分を管理する企業や団体はいますが、全体を把握する管理者は存在しません。**自分が管理している範囲内でのトラブルには対処できますが、範囲外のトラブルには対処できません。

　現在、LANを完全に独立したネットワークとして構築・運用することは少なく、LANをインターネットに接続し、LANの中のコンピュータからインターネットを利用できるようにするのが一般的です。OSのメーカーが開発したプロトコルを採用するLANもありますが、インターネットで採用されているTCP/IPを採用するLANが多数を占めています。しかし、同じTCP/IPを採用していても、インターネットのサービスを利用できても、LANとインターネットには「全体を把握できるかどうか」という明確な違いがあります。

LANとインターネット

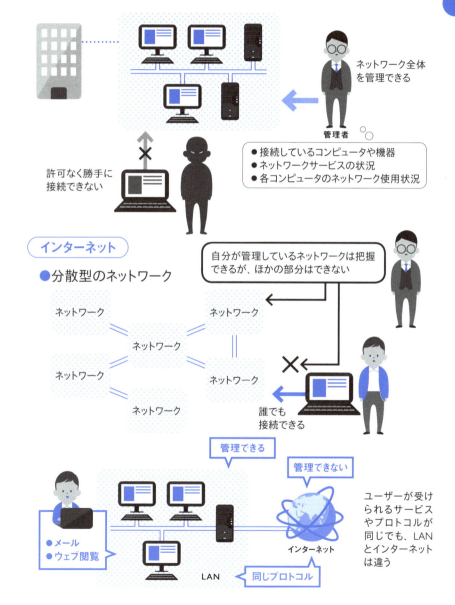

ネットワークの代表的な2つの形態

クライアント／サーバー型と ピア・ツー・ピア型の違い

同じネットワークで両方の形態を利用することもある

　ネットワークには、ネットワークサービスを提供する側と受ける側に役割が分かれている形態と、役割を分けずお互いがネットワークサービスを提供し合う形態があります。

　ネットワークサービスを提供する側と受ける側に分かれている形態を**クライアント／サーバー型**と呼びます。ネットワークサービスを提供するコンピュータがサーバー、受ける側がクライアントです。ネットワークのほとんどがクライアント／サーバー型です。インターネットも基本的にクライアント／サーバー型の形態をとっています。役割を分けない形態は、**ピア・ツー・ピア（P2P）型**と呼ばれます。

　クライアント／サーバー型のネットワークは、サービスを提供するサーバーを用意するため、複雑なネットワークサービスを提供できます。一方、サーバーとして使うハードウェアやソフトウェア、サーバーを構築・管理する人材が必要となり、負担が大きいというデメリットがあります。

　ピア・ツー・ピア型はサーバーを用意する必要がなく、各コンピュータで簡単な設定を行うだけでネットワークを構築できます。主に、家庭のネットワークのように数台のコンピュータで構成されている小規模のネットワークで採用されており、ファイル共有やプリンタ共有などの簡単なネットワークサービスが中心です。そのため、企業ネットワークでは、小規模でもクライアント／サーバー型を採用することが多いようです。

　ウェブやメールを利用するときはクライアント／サーバー型、ファイル共有やプリンタ共有はピア・ツー・ピア型と、**同じネットワークで異なる形態のネットワークサービスを利用することも可能**です。また、インスタントメッセンジャーサービスのように、最初はクライアント／サーバー型の形態をとり、後にピア・ツー・ピア型の形態になるサービスもあります。

クライアント／サーバー型とピア・ツー・ピア型

クライアント／サーバー型

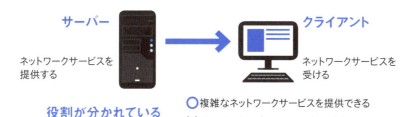

○複雑なネットワークサービスを提供できる
×サーバーを用意する必要があり負担大

ピア・ツー・ピア型（P2P型）

○サーバーを用意しなくてもよく、導入が容易
×利用状況の一元管理が難しい

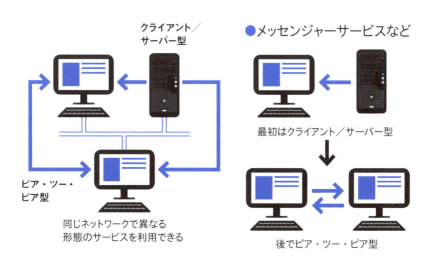

サーバーの役割

サーバーはネットワークサービスを提供する

処理速度と安定性を考えたハードウェア、OS、ソフトウェアを用意

　クライアント／サーバー型のネットワークで、クライアントにネットワークサービスを提供しているのが**サーバー**です。提供しているネットワークサービスの名前に「サーバー」を付けて、「ウェブサーバー」「ファイルサーバー」「プリントサーバー」などと呼びます。

　サーバーは、**ハードウェアとサーバー用OS、ネットワークサービスを提供するためのソフトウェア**で構成されています。

　サーバーとして使用するハードウェアは、処理速度が速く安定して稼働するものを用意します。サーバーとして使用するために設計された専用のハードウェア**「アプライアンス」**や、サーバーとして使うことを目的として組み立てられたコンピュータを使用するのが一般的ですが、いわゆる普通のパソコンも使えます。また、サーバーはコンピュータである必要はなく、プリンタやネットワーク機器に組み込まれているケースも見られます。

　OSは、安定性を重視した専用のOSを使用します。Windows OSならWindows Serverを使います。UNIX系OSもサーバー用として定評があります。

　ソフトウェアは、提供するネットワークサービスごとに用意します。ウェブサービスを提供したいならウェブサーバーソフト（108ページ参照）、プロキシサービスを提供したいならプロキシサーバーソフトが必要です（120ページ参照）。ファイル共有やプリンタ共有などのよく使われるサービスのソフトウェアは、サーバー用OSにあらかじめ用意されています。1台のハードウェアに複数のソフトウェアを導入し、複数のネットワークサービスを提供することも可能です。1台のサーバーに多くの負担がかかって処理速度が遅くなったり、トラブルが起きた場合に被害が大きくなったりするなどのデメリットもありますが、管理の手間やコストが軽減されるというメリットがあり、セキュリティ対策用のネットワークサービスを1台にまとめたアプライアンスも普及しています。

サーバーの構成

サーバーの呼び方

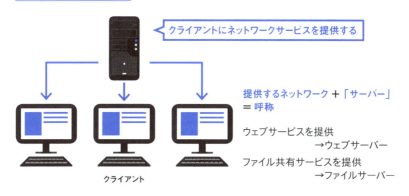

サーバーを構成しているもの

Chapter 1

7

接続に必要なもの

インターネットに接続するには

回線設備、グローバルIP、AS番号、DNSサーバーが必要

ネットワーク全体を管理できるLANの場合、管理者が許可すればLANに接続できます。では、全体を管理していないインターネットに接続するにはどうしたらよいのでしょうか。

まず、個々のコンピュータや機器を特定するために使われる**グローバルIP**を取得します。グローバルIPは、インターネットで使われる住所のようなものです。インターネットを形成する個々のネットワークを識別する**AS番号**も必要になります。グローバルIPとAS番号は**ICANN**という組織が管理しており、ICANNから委託された各国の組織がそれぞれの国のグローバルIPとAS番号を管理しています。日本では、**JPNIC**が管理業務を行っています。グローバルIPとAS番号が欲しい場合は、JPNICに申請して割り当ててもらいます。

次に、インターネットに接続する**回線設備**が必要になります。ケーブルを敷設し、通信に必要な装置を設置します。

これで、インターネットに接続できます。しかし、単に接続しただけで、ウェブページを閲覧したり、メールを送受信することはできません。ウェブブラウザや、メールソフトが機能するには、グローバルIPとドメイン名を対応させる**DNSサーバー（フルサービスリゾルバ）**が必要です（118ページ参照）。

しかし、実際には一般企業や個人がJPNICにグローバルIPとAS番号を割り当ててもらえることはまずありません。また、許可なく自分の敷地以外に回線を敷設することも禁じられています。DNSサーバーは用意できなくもないのですが、小規模のネットワークや家庭では難しいでしょう。企業や個人がインターネットに接続する場合は、これらの必要なものを提供する**回線事業者**や**ISP**と契約することになります（26ページ参照）。

24

インターネットの接続に必要なもの

LANの場合

LANの管理者が許可すれば接続可能

管理者

インターネットの場合

インターネット接続に必要なものを用意する

グローバルIP
AS番号
- ICANNが管理
- 日本ではICANNに委託されたJPNICが管理

回線設備

ビル

インターネットに接続しているほかのネットワークに回線を敷設する

DNSサーバー

インターネットに接続した後でウェブやメールなど、インターネットのネットワークサービスを利用するために必要

現実には回線事業者、ISPと契約して用意することになる

回線と通信とサービスを揃える

ISPと回線事業者の役割

> インターネット接続に必要なもの＋αのサービスを提供

　インターネット接続に必要なグローバルIPとAS番号、回線設備とDNSサーバーを提供するのがISPと回線事業者です。

　ISPはインターネット・サービス・プロバイダの略称で、単にプロバイダとも呼びます。インターネット接続に必要なものを用意し、契約ユーザーに提供しています。**回線事業者**は回線設備を所有している電気通信事業者のことです。契約ユーザーの会社や自宅と、ISPが所有するネットワークを結ぶ回線設備を提供しています。回線事業者とISPそれぞれと契約するのが基本ですが、1つの業者で回線事業者とISPの両方を兼ねている場合や、ISPが回線事業者と契約し、回線設備とISPとしてのサービスの両方を提供する場合も見られます。FTTHサービス（28ページ参照）では、回線事業者から回線設備をまとめて借り、ISPに卸す卸業者も存在します。

　ISPは、インターネット接続に必要なものだけでなく、インターネットを活用するためのさまざまなサービスも提供しています。ウェブページを公開するためのウェブサーバー、メールサービスを提供するメールサーバーなど、ISPが用意したさまざまなサーバーを使えるサービスがよく知られています。ウイルス対策、迷惑メール対策などのセキュリティ関連のサービスを提供するISPも増えました。

　ISPは、大手ISPの下にISPが接続する階層構造となっており、大手ISPごとにグループを形成しています。ISPは接続している大手ISPのネットワークを通じて、ほかの大手ISPやそのグループのISPのネットワークと接続します。また、大手ISPは、どのネットワークを経由していけば目的のネットワークにたどり着けるかという情報をISPに提供しています。一番上の階層に存在する大手ISPを**Tier1**(ティアワン)と呼びます。Tier1は主に米国のISPですが、日本ではNTTコミュニケーションズがTier1です。

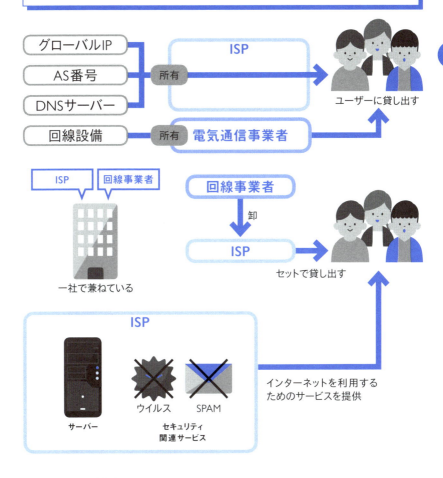

●ISPは階層構造をとっている

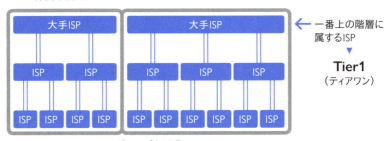

Chapter 1 ▼ 9

光ファイバーによる高速データ通信

FTTHの仕組み

> 電気信号を光信号に変換して光ファイバーを通じて送る

　FTTHとは「Fiber To The Home」の略称で、元々は光ファイバーを家庭に敷設し高速で安定したデータ通信を実現するという意味でした。現在では、企業向けを含めた光ファイバー通信サービスの総称として使われています。FTTHはインターネット接続だけでなく電話、マルチメディア配信などのサービスも合わせて提供しています。

　ADSL（30ページ参照）がデジタルの電気信号とアナログの電気信号を相互に変換するのに対し、FTTHは、**デジタルの電気信号とデジタルの光信号を相互に変換しています**。ユーザーのコンピュータから送られたデータは、ユーザー宅から光ファイバーを通じてFTTHサービス事業者の収容局へ、さらにISPのネットワークからインターネットへと送られます。ユーザー宅と収容局を結ぶ光ファイバーを複数のユーザーで共有する方式を**PON**（Passive Optical Network）、光ファイバーをユーザーが専有する方式を**SS**（Single Star）と呼びます。PONはコスト面での負担が少なく、家庭用のFTTHサービスで採用されています。SSは主に企業向けです。

　FTTHを利用するユーザー宅には、電気信号と光信号を変換する装置を設置します。この装置を**メディアコンバータ**または**ONU**（Optical Network Unit）と呼びます。PON方式で使われる装置はONU、SS方式で使われる装置をメディアコンバータと呼び分けることもあります。収容局にもメディアコンバータが設置されており、電気信号と光信号を変換しています。

　多くの企業ネットワークでは安定した高品質のデータ通信を行えるFTTHを採用しています。FTTHを利用するには光ファイバーの敷設工事が必要であること、サービス提供エリアがまだ限られていることなど、当初は問題点も指摘されていました。しかし、最近では契約数でADSLを超えたことからもわかるように、家庭向けのFTTHサービスも普及しつつあります。

FTTHでインターネット接続

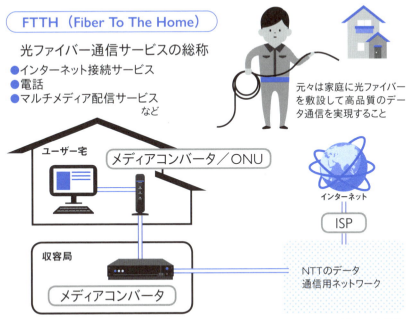

FTTH（Fiber To The Home）

光ファイバー通信サービスの総称
- インターネット接続サービス
- 電話
- マルチメディア配信サービス　など

元々は家庭に光ファイバーを敷設して高品質のデータ通信を実現すること

※集合住宅向けのFTTHサービスの中には、建物までを光ファイバー、そこから各戸までを電話回線などで接続する場合もある

※NTTの場合

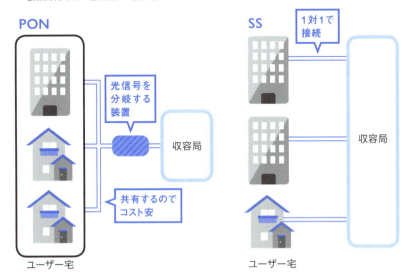

Chapter 1 ▶ 9　FTTHの仕組み

Column

ADSLの
仕組みと現在

　2000年代前半、自宅等のPCからインターネットに接続するための回線として急速に普及したのが、電話回線を利用した「ADSL（Asymmetric Digital Subscriber Line：非対称デジタル加入者線）」でした。ADSLは電話回線の音声通話に使用していない周波数帯域を利用し、コンピュータで扱うデジタルの電気信号をADSLモデムでアナログの電気信号に変換して、電話回線に送ります。ユーザーのコンピュータから送られたデジタル信号のデータは、ADSLモデムでアナログ信号に変換され、電話回線を通じてNTTの収容局に届きます。収容局のADSLモデムでアナログ信号をデジタル信号に変換し、ISPのネットワーク、そしてインターネットへと送られるという仕組みでした。

　ADSLは、既存の電話回線が利用でき、ケーブルを施設する工事などが不要で導入が容易だったのが特徴です。しかし、電話回線はデジタル信号をやり取りするために作られた訳ではないため、収容局から遠いと通信速度が遅くなるなど、安定性に問題がありました。また、ADSLを利用するには、ユーザー宅と収容局を結ぶ電話回線が銅線のツイストペアケーブルである必要がありますが、電話回線に光ファイバーが敷設されているために利用できないケースも増えました。さらに、動画配信が普及するなど、より高速な回線が求められるようになり、FTTHの普及が進んでいます。NTT東日本・西日本は、フレッツ光提供エリアでのフレッツADSLのサービス提供を2023年1月31日に終了すると発表しています。固定回線の主役はASDLからFTTHに代わったといえるでしょう。

Chapter

2

TCP/IP を知る

本章では、ネットワーク通信の基礎的な仕組みについて解説します。ネットワークアーキテクチャを理解し、ネットワークでどのようにデータが扱われ、流れていくかについてたどっていくことにしましょう。

Chapter 2

▼

1

データをスムーズにやり取りするための基本構造

ネットワークアーキテクチャと OSI参照モデル

ネットワークの基本的な設計思想、概念を表している

　ネットワークをどのような構造で設計するかという基本概念を**ネットワークアーキテクチャ**と呼びます。ネットワークアーキテクチャの代表的なものが、**ISO**（国際標準化機構）が定めた**OSI参照モデル**で、データをやり取りするときに必要な決まり事（**プロトコル**）を第1層から第7層までのレイヤ構造で体系的にまとめています。

　第1層の物理層は、ケーブルの規格や電気信号の条件など物理的、電気的な決まり事です。やり取りされるデータは電気的な信号として扱われます。**第2層のデータリンク層**は、同じネットワーク内でのデータのやり取りに関する決まり事です。**第3層のネットワーク層**は、データをやり取りする道筋をどう決めるかという経路選択の決まり事です。ネットワークでは、他のネットワーク機器などを経由してデータをやり取りすることがよくあります。第2層は直接つながっている相手、第3層は最終的にデータをやり取りする相手との決まり事です。**第4層のトランスポート層**は、データを確実にやり取りするための決まり事です。データ圧縮、エラー制御、再送機能などを定めています。**第5層のセッション層**は、通信プログラムがデータをやり取りを始めてから終了するまでの一連の流れ（セッション）に関する決まり事です。データをやり取りする相手との間に仮想的な通路を作り、データのやり取りが終われば通路を閉じます。**第6層のプレゼンテーション層**は、文字コードなどのやり取りされるデータの形式を統一します。**第7層のアプリケーション層**は、ユーザーに提供するネットワークサービスに関する決まり事で最も人間に近い層です。OSI参照モデルはあくまでも論理的な概念ですが、技術書やネットワーク機器の説明書や名称には、OSI参照モデルを知っていることを前提とするものもあります。ネットワークの構築・管理に携わるようになったときに覚えておくときっと役立つでしょう。

OSI参照モデル

ネットワークアーキテクチャ

ネットワークの基本的な設計思想、概念

OSI参照モデル

ISO（国際標準化機構）が定めたネットワークアーキテクチャプロトコルを7つのレイヤ構造で体系的にまとめている

特定のプロトコルや通信システムを表すものではない

上位層	第7層	アプリケーション層	アプリケーション（ソフト）がどのようにデータを処理するかの決まり事
上位層	第6層	プレゼンテーション層	データの通信に適した形式や逆にアプリケーションが処理する形式に変換するための決まり事
上位層	第5層	セッション層	データのやり取りを開始し、終了するまでの手順を管理する決まり事
下位層	第4層	トランスポート層	エラー制御など受信側に確実にデータを届けるための決まり事
下位層	第3層	ネットワーク層	データをやり取りする道筋（経路）の決め方についての決まり事
下位層	第2層	データリンク層	直接接続されたコンピュータや機器の間のやり取りに関する決まり事
下位層	第1層	物理層	ケーブルの端子の形状、電気信号の条件など物理的、電気的な決まり事

Chapter 2

2

ネットワークでやり取りされるのは「パケット」

回線交換方式と
パケット交換方式

> パケット交換方式ではデータはパケットに分割されて送られる

　電話のように、通信を始めてから終わるまで回線を確保する通信方式を回線交換方式と呼びます。回線交換方式は回線を占有して通信を行うので、途中で通信が途切れることがなく大量のデータをやり取りできます。ただ、データのやり取りが終わるまで、ほかのユーザーはその回線を使用できないというデメリットがあります。

　これに対し、データをパケットという細かい固まりに分けて送る方式をパケット交換方式と呼びます。パケットは回線の途中でいったん蓄積され、回線が空いているときに送られます。リアルタイムで通信を行いたい電話などのサービスには不向きですが、複数のユーザーが同時に回線を使用できるので効率がよいのが特徴です。TCP/IPプロトコル群（36ページ参照）を採用したインターネットやLANでは、パケット交換方式を採用しています。

　パケット交換方式でのデータの流れを見てみましょう。まず、送信するデータを分割し、分割したデータの先頭にやり取りに必要な情報（ヘッダ）を付け、パケットを作ります。1つのパケットは、データ本体とヘッダがセットになっています。また、データの末尾に情報を付けることもあり、それをトレーラと呼びます。

　レイヤ構造をとるTCP/IPで見てみると、送信側では各レイヤでデータを分割し、ヘッダやトレーラを付けてパケットを作ります。各レイヤが付けるヘッダやトレーラには、そのレイヤで処理を行うときに必要な情報が含まれています。作成したパケットを次に処理を担当するレイヤに渡し、最終的に電気信号となって受信側へと送られていきます。

　受信側は、パケットに付いているヘッダやトレーラの情報をもとに各レイヤがパケットを結合してデータに戻します。復元されたデータは次に処理をするレイヤに渡され、送信側と逆の順番で処理作業が進んでいきます。

34

回線交換方式とパケット交換方式の特徴

回線交換方式

- 通信が途切れない
- 通信が終わるまでほかのユーザーは回線を使えない

パケット交換方式

- データをパケットに分けて通信
- 複数のユーザーが回線を共有できる
- パケットはいったん蓄積されるので遅延が起きる

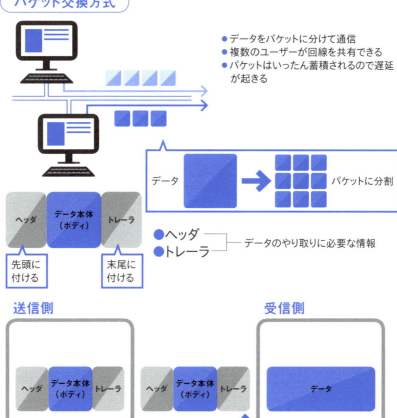

Chapter 2

3

TCP/IPプロトコルスタックのデータ処理

ネットワーク標準の
プロトコル「TCP/IP」

実際の処理を行うのがTCP/IPプロトコルスタック

TCP/IPは、インターネットやLANの多くで採用されているプロトコル群です。また、TCP/IPはプロトコル（決まり事）を体系的にまとめ、どのようにネットワークを構成するかという基本概念を表したネットワークアーキテクチャの1つでもあります。

TCP/IPプロトコル群は、各種のプロトコルを4つのレイヤに分けています。下から順番にネットワークインターフェイス層、インターネット層、トランスポート層、アプリケーション層と呼びます。

プロトコルがレイヤ構造をとり、それぞれのレイヤが処理を担当するという考え方は、OSI参照モデルと同じです。しかし、OSI参照モデルとTCP/IPではレイヤの分け方と数が異なります。OSI参照モデルは「ネットワークはこうあるべき」という基本概念なので、細かくレイヤを分けて役割を明確にしています。TCP/IPは、実験を繰り返しながら開発された実践的なプロトコル群です。そのため、実際にネットワークで使用したときのことを考えた、実用性重視のレイヤ構造になっています。

TCP/IPネットワークでデータをやり取りするときは、ウェブブラウザやメールソフトなどのネットワークサービス用のソフトウェアと、TCP/IPプロトコルスタックがデータを処理しています。プロトコルスタックは、プロトコルで決めている処理を実際に行うためのプログラム群です。「TCP/IPを実装する」とは、TCP/IPプロトコルスタックを組み込むという意味になります。現在はOSの一部として組み込まれているので、TCP/IPプロトコルスタックの存在を意識することはありません。しかし、TCP/IPによるデータのやり取りがわかってくると、ウェブブラウザやメールソフトで処理をしているとは思えない機能が見つかります。その部分は、TCP/IPプロトコルスタックが担当しています。

36

TCP/IPプロトコル群の仕組み

TCP/IP

- ●複数のプロトコルを体系的にまとめた「プロトコル群」
- ●インターネットや多くのLANで採用されている

TCP/IPのレイヤ構造

●4つのレイヤに分けている

※ネットワークインターフェイス層をデータリンク層と物理層に分ける考え方もありますが、本書では4つのレイヤで解説しています

実際に処理を行うのはTCP/IPプロトコルスタック

OSに実装されているので
ユーザーは用意しなくてもよい

送信側

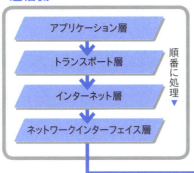

受信側

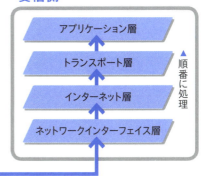

Chapter 2 ▶ 3　ネットワーク標準のプロトコル「TCP/IP」　37

イーサネットとPPP

ネットワーク
インターフェイス層の役割

物理的、電気的な決まり事を担当する

　TCP/IPの**ネットワークインターフェイス層**は、ケーブルや端子の形状、信号の形式など物理的な決まり事を定めています。また、コンピュータや機器の間のデータのやり取りに関する決まり事も担当しています。OSI参照モデルでの第1層の物理層、第2層のデータリンク層に相当します。実際に処理を行っているのは、TCP/IPプロトコルスタックとプロトコルに対応したハードウェアです。TCP/IPプロトコルスタックは、コンピュータや機器間のデータのやり取りに関する決まり事の処理を行います。プロトコルに対応したハードウェアは、物理的な決まり事の処理を行います。

　ネットワークインターフェイス層の代表的なプロトコルとしては、**イーサネット（Ethernet）**、**PPP**などが挙げられます。

　イーサネットは、LANで多く採用されているプロトコルです。複数のコンピュータや機器が、1つの回線を効率よく使用できるのが特徴です。イーサネットと聞くと、ケーブルなどの物理的な決まり事の方を思い浮かべますが、データの処理に関する決まり事でもあります。物理的な決まり事の方を指す場合は「規格」、データの処理に関する決まり事は「イーサネットプロトコル」と呼んで区別する場合もあります。

　PPPは、コンピュータや機器が1対1の関係で接続されている回線で、データをやり取りするためのプロトコルです。パスワード認証機能があるのが特徴です。電話回線を使ってインターネット接続を行うときに使われていましたが、家庭にもイーサネットが普及したため、あまり使われなくなりました。しかし、インターネット接続サービスで正規の会員を認証するときに、PPPは便利です。そこで、イーサネットと組み合わせて使う**PPPoE（PPP over Ethernet）**というプロトコルも開発されました。PPPoEを使うことで、イーサネットを採用したネットワークでユーザー認証が行えます。

イーサネットとPPPの特徴

- アプリケーション層
- トランスポート層
- インターネット層
- **ネットワークインターフェイス層**

- ケーブルの形状や信号の形式など物理的な決まり事
- 直接やり取りするコンピュータや機器間のデータのやり取りに関する決まり事

OSI参照モデルでは第1層（物理層）と第2層（データリンク層）に相当する

イーサネット（Ethernet）

イーサネットケーブル
（LANケーブル）

イーサネットカード
（LANカード）

PPP

1対1の関係で接続された回線でデータをやり取りするためのプロトコル
パスワード認証機能がある

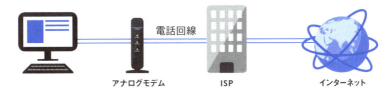
電話回線　アナログモデム　ISP　インターネット

PPPoE（PPP over Ethernet）

PPPとイーサネットを組み合わせて使う
ADSL、FTTHサービスで使われている

Chapter 2

5 IPアドレスの管理と経路選択をするIP

インターネット層の役割

> 最終的にデータをやり取りする相手との通信を担当する

　TCP/IPの**インターネット層**は、最終的にデータをやり取りする相手のコンピュータや機器との通信に関する決まり事を定めており、OSI参照モデルのネットワーク層に当たります。

　インターネット層に属している**IP**は、トランスポート層のTCPと共にTCP/IPプロトコル群の基盤となるプロトコルです。

　最終的にデータをやり取りする相手とデータをやり取りするためには、まず「**どのコンピュータや機器が、最終的にデータをやり取りする相手なのか**」を指定する必要があります。そのためにIPが使用するのが**IPアドレス**です。IPアドレスは、ネットワークの世界の住所のようなものです。ネットワークに参加しているすべてのコンピュータや機器にIPアドレスを付ければ、「このIPアドレスを持つコンピュータがデータをやり取りする相手」と指定できます。相手を指定したら、その相手に「**どのルートを通っていけばたどり着けるのか**」を決めます。これを**経路選択**、または**ルーティング**と呼びます。IPの主な役割は、IPアドレスの管理と経路選択です。

　インターネット層のプロトコルには、IPのほかにも**ARP**、**RARP**、**ICMP**などがあります。いずれも、IPでのデータのやり取りを補助するプロトコルです。ICMPは、IPが担当するデータのやり取りにおいて、エラーが発生した場合に対処するプロトコルです。データグラム（48ページ参照）がきちんと相手に届くかどうかや、届くまでにどれくらいの時間がかかるかなどを調べる「ping」コマンドには、ICMPが使われています。ARPとRARPは、IPが使うIPアドレスと、ネットワークインターフェイス層のイーサネットが使うMACアドレスを対応させるプロトコルです。ARPはIPアドレスから対応するMACアドレスを調べる役割を持っています。RARPはその逆で、MACアドレスから対応するIPアドレスを調べます。

IPアドレスとルーティング

OSI参照モデルではネットワーク層に相当する

IPアドレス

最終的にデータをやり取りする相手を特定するために使う

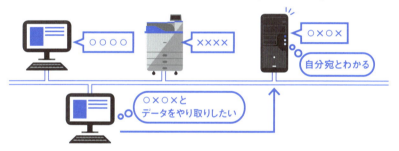

ルーティング（経路選択）

データのルートを選択する

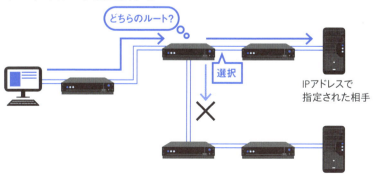

Chapter 2

6

TCPとUDPの仕組み

トランスポート層の役割

データを確実に、相手先のソフトウェアに届ける

TCP/IPの**トランスポート層**は、データのやり取りを制御するプロトコルが属するレイヤです。**OSI参照モデル**のトランスポート層とセッション層の一部に当たります。

トランスポート層に属するプロトコルの代表的なものが、**TCP**と**UDP**です。TCPとUDPに共通する役割は、通信プログラムがデータをやり取りを始めてから終了するまでの一連の流れ（セッション）を行う仮想的な通路を作ることです。仮想的な通路は、同時に複数作ることができるので、どの仮想的な通路で扱うデータなのかを区別する必要があります。そこで、各通信プログラムに**ポート番号**と呼ばれる識別子を付けます（54ページ参照）。

UDPの場合、役割はこれで終わりです。TCPには、さらに確実にデータを届ける役割があり、そのために**「確認応答」**、**「再送」**、**「シーケンス番号」**という機能を持っています。

確認応答は、データを受信した側が、送信側に「データを受け取りました」と知らせる機能です。送信側は、受信側からの知らせを受け取ったら、次のデータを送ります。再送は、一定期間待っても確認応答がない場合に、再度同じデータを送る機能です。シーケンス番号は、やり取りするデータ1バイトごとに順番に付けた番号のことです。送信側は「シーケンス番号の何番から送る」、受信側は「シーケンス番号の何番まで届いた」と相手に通知します。受信側の通知を見れば、次に送るシーケンス番号が何番かがわかります。

一般的なデータのやり取りでは、確実に届くTCPを使用しています。しかし、TCPはデータを確実に届けるための手順を踏んでいる分、データのやり取りに時間がかかります。そのため、**動画配信などの確実に届けるよりも転送速度を重視するネットワークサービスでは、UDPを使用**しています。

42

TCPとUDP

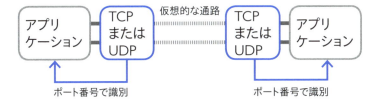

● データのやり取りを制御する

TCP … データを確実に届ける
UDP … 確実ではないが早く届ける

ネットワークサービスによって使い分けている

<u>OSI参照モデルではトランスポート層とセッション層の一部に相当する</u>

● TCP、UDPはネットワークサービスを提供するアプリケーション間の仮想的な通路を作る

TCPの役割

● 確認応答
データを受信したことを知らせる

● 再送
一定時間内に確認応答がなければもう一度送る

● シーケンス番号
やり取りするデータ1バイトごとに番号を付ける

Chapter 2

7

3ウェイハンドシェイクでSYNとACKをやり取り

TCPの通信手順

相手と会話するためのセグメントを送って会話する

　TCPを使ったデータのやり取りでは、最初に送信側が「これからデータを
やり取りしたい」と要求するセグメント（48ページ参照）である「SYN」を
送ります。SYNを受け取った受信側は、「了解しました」と応答確認のセグ
メント「ACK」とSYNを送ります。SYNとACKを受け取った送信側は、
「受け取りました」と確認のACKを送ります。これで仮想的な通路が確立し
ました。このように、データをやり取りする相手同士が3度の手続きを踏んで
仮想の通路を作ることを**3ウェイハンドシェイク**と呼びます。また、このときに
送信側、受信側それぞれが「セグメントに付けるシーケンス番号の初期値は
何番か」という情報をやり取りします。

　データのやり取りは、セグメントを1つ送るたびにACKを送ると効率が悪
いので、複数のセグメントをまとめてやり取りします。しかし、一度に受け取れ
るデータ量には限度があるので、受信側はACKのヘッダに一度に受け取れ
るデータ量を記述します。このデータ量を**ウインドウサイズ**と呼びます。送信
側は、ウインドウサイズ以下のデータをまとめて送ります。

　ACKを受け取った送信側は、送るセグメントがシーケンス番号の何番から
始まるかをヘッダに記述して送ります。受信側は、シーケンス番号の何番まで
を受け取ったかの情報を記述したACKを送ります。一定時間待っても受信
側からACKが届かなかった場合は、**再送**します。また、セグメントのヘッダ
には、送ったセグメントと受け取ったセグメントが同じかどうかを検証するため
のチェックサムという情報が含まれます。チェックサムが一致しなかった場合、
途中で破損した可能性があるので、再送してもらいます。

　データのやり取りを終了するときは、送信側が終了を知らせる「FIN」と
いうセグメントを送ります。受け取った相手はACKを返し、その後FINを送
ります。そして送信側がACKを送り、データのやり取りは終了です。

TCPでデータをやり取りする仕組み

3ウェイハンドシェイク

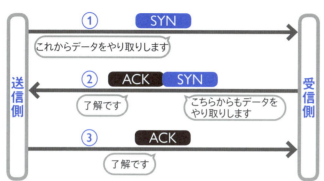

複数のセグメントをまとめて送る

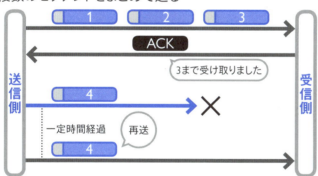

データのやり取りを終了する

HTTP、SMTP、POP3などがサービスを提供

アプリケーション層の役割

個々のソフトウェアが処理を担当する

　TCP/IPの**アプリケーション層**は、ユーザーにネットワークサービスを提供します。また、ユーザーが作成したデータをアプリケーション層のプロトコルで定めた決まり事に沿って整え、下位のトランスポート層に渡します。アプリケーション層は、ユーザーとTCP/IPの橋渡しをしているレイヤといえます。OSI参照モデルでは**セッション層**、**プレゼンテーション層**、**アプリケーション層**に相当します。

　アプリケーション層には、ウェブサービスを提供する**HTTP**、メールサービスを提供する**SMTP**、**POP3**、**IMAP4**、FTPサービスやダウンロードサービスで使われる**FTP**など、よく使われるプロトコルが属しています（各プロトコルについてはChapter 5参照）。データのやり取りを行う場合は、これらのプロトコルに対応したソフトウェアを用意する必要があります。例えば、ウェブブラウザと、ウェブサービスを提供するウェブサーバーソフトは、主にHTTPでの決まり事に沿ってデータを処理し、動作します。クライアント側のウェブブラウザから「このウェブページのデータを送ってください」とウェブサーバーに要求する方法は、HTTPによって決められています。また、サーバー側のウェブサーバーソフトもHTTPに対応しているので、クライアントからの要求を正しく理解し、指定されたウェブページのデータを送ることができます。

　アプリケーション層のプロトコルは、ユーザーが入力したデータに、受け取る相手のアプリケーション層のプロトコルが正しく処理するのに必要な情報を**ヘッダ**として付け加えます。メールソフトで表示できる「ヘッダ情報」は、メールサービスを提供するSMTPの決まり事に沿って、メール作成者のメールソフトや、メールを中継したSMTPサーバーソフトが作成したものです。ウェブサービスでも、やり取りされるデータにはHTTPに沿ったヘッダが付加されています。

ネットワークサービスを提供するアプリケーション層

| アプリケーション層 | ● ユーザーにネットワークサービスを提供する |
| トランスポート層 | ● ユーザーに一番近いレイヤ |
| インターネット層 |
| ネットワークインターフェイス層 |

OSI参照モデルではセッション層、プレゼンテーション層、アプリケーション層に相当する

| アプリケーション層 | ネットワークサービスを提供するソフトウェアが処理 |
| トランスポート層 | TCP/IPプロトコルスタックが処理 |
| インターネット層 |
| ネットワークインターフェイス層 | ハードウェアが処理 |

アプリケーション層のプロトコル

● **HTTP**
ウェブサービスを提供

ウェブブラウザ　　ウェブサーバーソフト

● **SMTP、POP3、IMAP4**
メールサービスを提供

● **FTP**
FTPサービスを提供

メールヘッダ

SMTPプロトコルに沿って
ソフトウェアがヘッダとして
情報を付加

Chapter 2

メールのデータはどのようにやり取りされるのか

TCP/IPネットワークでの各レイヤの働き

上位のレイヤから渡されたデータはカプセル化される

　TCP/IPの各レイヤがどのように動作しているのかを、イーサネットを使ったネットワークでメールを送信する場合を例にして見てみましょう。

　まずユーザーが、メールサービスを提供する**アプリケーション層**のプロトコル（SMTP）に対応したメールソフトを使ってメールを作成します。メールソフトはSMTPの決まり事に沿って必要な情報をヘッダとして付け、TCP/IPプロトコルスタックに渡します。

　TCP/IPプロトコルスタックでは、**トランスポート層**のプロトコル（この例ではTCP）に沿った処理が行われます。データを分割して、受信側のTCPが処理を行うときに必要な情報を**ヘッダ**として付け、**セグメント**を作ります。そして、下位のインターネット層の処理に移ります。

　インターネット層でも同様に、インターネット層のプロトコル（IP）に沿ってデータを処理し、必要な情報をヘッダとして付け**データグラム**を作ります。データグラムが完成したら、下位のネットワークインターフェイス層の処理に移ります。このとき、受け取ったセグメントに含まれる情報を使用したり、ヘッダとデータ本体（ボディ）が区別されることはありません。このように、上位の層から受け取ったパケットをひとかたまりのデータとして扱うことを**カプセル化**と呼びます。

　ネットワークインターフェイス層でも受け取ったデータグラムをカプセル化し、ネットワークインターフェイス層のプロトコル（イーサネット）に沿って処理します。イーサネットの場合、必要な情報をヘッダと**トレーラ**として付けます。イーサネットの決まり事に沿ってデータは電気信号になり、ネットワークへと送られていきます。

　データを受け取る側は、この手順を逆に行っていきます。そして、最終的にデータを受け取るアプリケーションにデータが届きます。

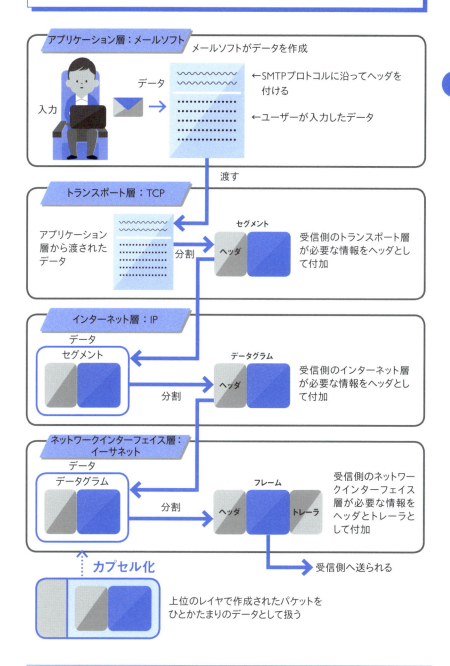

Column

TCP/IPとOSI参照モデルでは
パケットの呼び分け方が異なる

TCP/IPでは、ネットワークインターフェイス層、インターネット層、トランスポート層のプロトコルがデータを分割してパケットを作ります。それぞれのレイヤが作るパケットを呼び分けることもあります。その場合は、ネットワークインターフェイス層は「フレーム」、インターネット層は「データグラム」、トランスポート層は「セグメント」と呼びます。処理を担当するプロトコルの名前を最初に加えて、「TCPセグメント」「IPデータグラム」「イーサネットフレーム」という場合もあります。レイヤごとに呼び分けず、すべてパケットと呼んでも構いません。「IPパケット」「TCPパケット」と、プロトコルの名前を最初に加える呼び方もよく使われています。イーサネットに関しては「フレーム」を使うケースが比較的多いようですが、「パケット」を使ってはダメということではありません。

OSI参照モデルではパケットのことをPDU（Protocol Data Unit）と呼んでいます。データを分割して、ヘッダやトレーラを付けるという概念はTCP/IPと同じですが、OSI参照モデルでも各レイヤでPDUを呼び分けています。例えば、IPが分割したデータを、TCP/IPでは「データグラム」と呼ぶのに対し、OSI参照モデルでは「パケット」と呼ぶなど、違いがあるので注意しましょう。

このように、データを分割してヘッダやトレーラを付けたもの1つ1つに対してさまざまな呼び方が存在します。TCP/IPのルールに沿って呼んでいるのか、OSI参照モデルのルールに沿って呼んでいるのかでも違いがあります。名称にこだわる必要はありませんが、異なる呼び方が存在していることは知っておきましょう。

Chapter

3

TCP/IP で
コンピュータや機器を
識別する仕組み

本章では、TCP/IPの各層において
ネットワークの機器がどのように識
別されているかについて解説します。
IPアドレスをはじめ、ポート番号、
MACアドレスなどは、ネットワーク
を学ぶ上で欠かせない知識です。

Chapter 3

1

インターネットで使われるプロトコル

TCP/IPの各レイヤが相手を識別する仕組み

レイヤごとの役割に合わせて必要な相手を識別する

ネットワークでデータをやり取りするときには、「この相手とデータをやり取りしたい」と特定しなければなりません。そこで、TCP/IPの各レイヤは、相手を特定するために**識別子**という仕組みを利用します。識別子とは、一般的な意味ではたくさんある中から特定のものを見つけるために文字や数字を使って付ける名前のようなもののことです。ネットワークの世界では、ネットワークに参加しているコンピュータや機器、ソフトウェアなどを識別するための名前という意味になります。

TCP/IPの各レイヤは、役割に応じてそれぞれ異なる識別子を備えています。

ネットワークインターフェイス層の代表的なプロトコルであるイーサネットは、**MACアドレス**という識別子を使って、直接データをやり取りするコンピュータや機器を特定しています。

インターネット層のプロトコルであるIPは、最終的にデータをやり取りする相手を特定するために**IPアドレス**という識別子を使っています。

トランスポート層のプロトコルであるTCPとUDPは、アプリケーション層を担当するソフトウェアとの間に仮想的な通路を作り、データを受け渡す役割を持っています（42ページ参照）。複数ある仮想的な通路を識別する必要があるので、**ポート番号**という識別子を使っています。

このように、それぞれのレイヤが別々の識別子を使うので、1つのデータのやり取りに、合計3つの識別子が使われることになります。

データをやり取りする相手のIPアドレスとポート番号は、ユーザー（人間）がアプリケーション層のソフトウェアを使用して指定します。MACアドレスは、IPアドレスと対応させるためのプロトコル「ARP」を使ってコンピュータや機器が調べるのでユーザーは指定しません。

52

各レイヤごとにある識別子

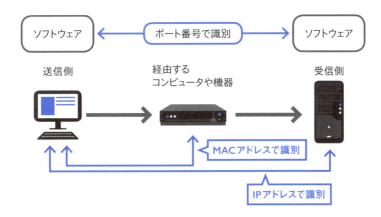

各レイヤで使われる識別子は、
各レイヤの役割を果たすために使われる

例 ネットワークインターフェイス層
- 直接つながっているコンピュータや機器とのデータのやり取りを担当する
- 直接データをやり取りするコンピュータや機器を特定するために識別子としてMACアドレスを使う

Chapter 3

2

TCPやUDPの役割

トランスポート層で
使われるポート番号

仮想的な通路の出入口「ポート」をポート番号で識別する

　トランスポート層の**TCP**と**UDP**は、アプリケーション層を担当するソフト
ウェアとデータのやり取りを行う仮想的な通路を作ります。この通路の出入口
を**ポート**と呼びます。データをやり取りするための通路は同時に複数作ること
ができるので、ポートも複数存在することになります。そこで、各ポートを識別
するために**ポート番号**を付けます。

　クライアントからサーバーへ「このデータを送ってください」と要求し、サー
バーが要求されたデータをクライアントに送り返すという流れで考えてみましょう。
サーバーは、いつ、どのクライアントからデータが送られてくるのかわからない
ので、ポートをあらかじめ作っておき、クライアントからのデータを待ち受けます。
この状態を**「ポートを開放している」**といいます。クライアント側では、デー
タのやり取りを始める際にポートを作成し、そのポートにポート番号を付けます。
クライアント側のTCP（UDP）は、データを分割してセグメントを作成する
ときに、クライアント側のポート番号を送信元として、サーバーソフトのポート
番号を宛先としてヘッダに加えます。

　セグメントを受け取ったサーバー側のTCP（UDP）は、ヘッダに書かれ
ているポート番号を見て、どの通路を使ってデータを渡せばよいのかを判断し
ます。そして、サーバーソフトがデータを受け取り、要求されたデータをクライ
アントに送ります。このとき、サーバー側のTCP（UDP）も、セグメントを
作成します。その際、クライアント側が送ってきたセグメントのヘッダ情報に
あった送信元ポート番号を、宛先のポート番号としてヘッダの情報に加えます。
セグメントを受け取ったクライアント側のTCP（UDP）は、ヘッダ情報にあ
る宛先ポート番号を見て、どの通路にデータを送るのかを判断します。

ポート番号はトランスポート層の識別子

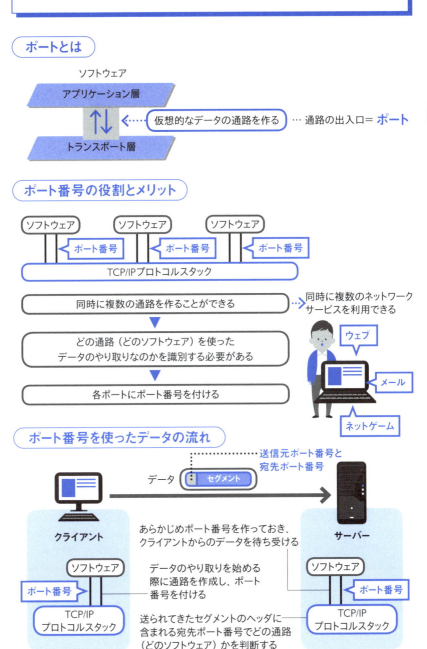

Chapter 3 ▶ 2　トランスポート層で使われるポート番号　55

Chapter 3　特定の用途に使うウェルノウンポート番号

ポート番号の種類

> サーバーソフトは定められたウェルノウンポート番号を使う

　ポート番号は0～65535番まであり、0～1023番の「**ウェルノウンポート番号**（the Well Known Ports）」、1024～49151番の「**予約済みポート番号**（the Registered Ports）」、49152～65535番の「**動的／プライベートポート番号**（the Dynamic and/or Private Ports）」の3つの領域に分かれています。

　ウェルノウンポート番号は特定の用途に使用するポート番号として、ICANNの一部であるIANAという組織が管理しています。

　サーバーソフトは、ウェルノウンポート番号を使用するのが一般的です。ウェブサーバーソフトは80番、SMTPサーバーソフトは25番というように、どのサーバーソフトがどの番号を使うかはIANAによって決められています。データをやり取りするときには、相手のポート番号を指定する必要がありますが、相手がサーバーソフトの場合は、ウェルノウンポート番号で決められているのでポート番号がわかっています。例えば、クライアントは初めて接続するウェブサーバーの、ウェブサーバーソフトのポート番号を事前に調べる必要はなく、80番と指定すれば済みます。実際には、アプリケーション層を担当するウェブブラウザで80番と指定しています。

　予約済みポート番号は、サービスやアプリケーションごとに割り当てられたポート番号です。IANAが登録を受け付けています。

　動的／プライベートポート番号は、自由に使えるポート番号です。クライアントは、この範囲のポート番号を使います。

　つまり、クライアントのソフトウェアと、サーバーのサーバーソフトがデータをやり取りする場合は、クライアント側のポート番号は動的／プライベートポート番号の範囲から1つ選んだもの、サーバーソフトのポート番号はサーバーソフトの種類に応じて決められているウェルノウンポート番号を使います。

番号別に決まっているポートの種類

ポート番号の種類

0〜1023	ウェルノウンポート番号（the Well known Ports）
1024〜49151	予約済みポート番号（the Registered Ports）
49152〜65535	動的／プライベートポート番号（the Dynamic and/or Private Ports）

ウェルノウンポート番号

特定の用途に使用するためにIANAが管理

サーバーソフトはウェルノウンポート番号を使うのが一般的

主なウェルノウンポート番号

20	FTP（データ転送用）	53	DNS	137	NetBIOS名前解決
21	FTP（制御用）	67	DHCP	138	NetBIOS Datagram Service
22	SSH	80	HTTP（ウェブ）	139	NetBIOS
23	Telnet	110	POP3（メール）	443	HTTP over TLS/SSL
25	SMTP（メール）	123	NTP	587	Submission（メール送信）

※137〜139はマイクロソフト社の各種サービス

一覧は https://www.iana.org/assignments/service-names-port-numbers/service-names-port-numbers.xhtml

動的／プライベートポート番号

自由に使える。クライアントはこの範囲を使う

ポート番号の使用例

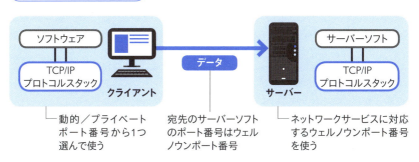

Chapter 3

4

IPアドレスの役割

インターネット層で使われるIPアドレス

データをやり取りするコンピュータや機器を特定する

IPアドレスは、**インターネット層**の**IP**が最終的にデータをやり取りするコンピュータや機器を特定するために使う識別子です。TCP/IPネットワークに参加しているコンピュータや機器には、IPアドレスが付けられています。クライアントには、1台につき1つのIPアドレスを付けるのが一般的です。サーバーやネットワーク機器の場合は、1台に複数のIPアドレスを付けるケースも見られます。

IPが作る**データグラム**のヘッダには、送信元アドレスである自分自身のIPアドレスと、最終的にデータをやり取りする相手の宛先IPアドレスの情報が含まれています。IPは宛先IPアドレスの情報を参照し、どの経路を通って行けば相手にたどり着けるのかという**ルーティング**を行います（86ページ参照）。

ネットワークに参加しているコンピュータや機器にIPアドレスを付けることを**「割り当てる」**と言います。IPアドレスの割り当てと管理は、ネットワーク管理者が行います。また、参加しているネットワークが**「DHCP」**（自動的にIPアドレスを割り当てるネットワークサービス）を提供している場合は、ネットワーク管理者が設定作業を行う必要はありません（94ページ参照）。

現在、IPアドレスには複数のバージョンがありますが、主にインターネットや多くのネットワークで使われているのは、**IPv4**（IP version4）です。IPv4は全32ビットで、8桁の2進数を4つ組み合わせたものを10進数にして「192.168.10.1」のように表します。IPv4の場合、1つのIPアドレスはネットワークを識別する**ネットワークアドレス**と、個々のコンピュータや機器を識別する**ホストアドレス**に分かれています。同じネットワークに存在するコンピュータや機器のネットワークアドレス部は同じですが、ホストアドレスはそれぞれ異なります。

58

IPアドレスはインターネット層の識別子

IPアドレスとは

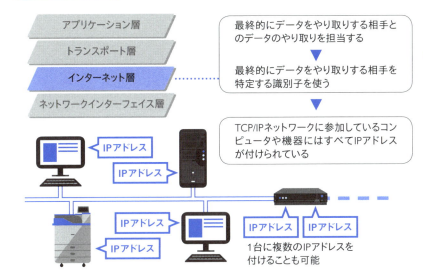

ネットワーク管理者がIPアドレスを割り当てる

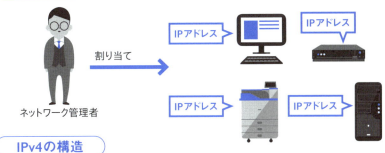

IPv4の構造

IPv4 … 現在ネットワークで使われているIP
IPアドレス→32ビット・8桁の2進数を4つ組み合わせたものを10進数で表す

Chapter 3

クラスはネットワークの規模や種類で使い分ける

IPアドレスのクラス

ネットワークアドレスのビット数がクラスごとに決まっている

　IPアドレスは、全32ビットのうち**先頭から何ビットまでがネットワークアドレスなのか**によって、クラスA〜Eに分けられています。このうち、一般的なデータのやり取りで利用されるのはクラスA、B、Cです。

　クラスAは2進数で0から始まる先頭から8ビット、**クラスB**は10から始まる16ビット、**クラスC**は110から始まる24ビットまでの範囲がネットワークアドレスです。10進数で表すと、クラスAは0.0.0.0〜127.255.255.255、クラスBは128.0.0.0〜191.255.255.255、クラスCは192.0.0.0〜223.255.255.255です。

　ネットワークアドレスのビット数が少ないと、表せるネットワークの数が少なくなりますが、その分ホストアドレスのビット数が増えます。つまり、1つのネットワーク内で割り当てられるIPアドレスの数が増えます。クラスAなら約1678万台分のIPアドレスを作ることができます。しかし、1つのネットワークにこれだけ多くのコンピュータや機器を接続するのは現実的ではありません。多くのLANでは、クラスC（254台分）かクラスB（約6万5千台分）のIPアドレスを使っています。なお、各ネットワークの一番最初（ホストアドレス部が2進数ですべて0）は、ネットワーク全体を表すのに使われます。一番最後（ホストアドレス部が2進数ですべて1）は、**ブロードキャストアドレス**という特殊なIPアドレスです（72ページ参照）。この2つのIPアドレスは、コンピュータや機器には割り当てません。

　クラスDは、複数の宛先にデータを送るときに使われる**マルチキャストアドレス**です（74ページ参照）。クラスEは実験用のアドレスで、実際には使いません。そのほか、コンピュータや機器自身を表す**ループバックアドレス**（127.0.0.1など）、といった特別なIPアドレスがあります。

IPアドレスのクラス分け

全部で32ビット

ネットワークアドレス　ホストアドレス

先頭からどこまでがネットワークアドレスになるかでクラス分け

クラスA　0 ネットワークアドレス｜ホストアドレス
　　　　　└─8ビット─┘└────24ビット────┘

クラスB　1 0 ネットワークアドレス｜ホストアドレス
　　　　　└──16ビット──┘└──16ビット──┘

クラスC　1 1 0 ネットワークアドレス｜ホストアドレス
　　　　　└────24ビット────┘└─8ビット─┘

クラスD（マルチキャストアドレス）　1 1 1 0
　　　　　└4ビット┘└────28ビット────┘

クラスE（実験用）　1 1 1 1 0
　　　　　└5ビット┘└────27ビット────┘

	ネットワークアドレス	ホストアドレス
クラスA	126個	約1600万個
クラスB	約16000個	約65000個
クラスC	約200万個	254個

ネットワークの規模に応じてクラスを選ぶ

ループバックアドレス

コンピュータや機器自身を表し、ほかには送信されない

127.　0.12.123
ネットワークアドレス　ホストアドレス
　　　　　（値はなんでもよい）

2種類のIPアドレス
グローバルIPとプライベートIP

インターネットで使われるグローバルIP

　IPアドレスには、インターネットで通用する**グローバルIP**と、1つのネットワークの中だけで通用する**プライベートIP**（ローカルIP）があります。

　グローバルIPはインターネットに参加しているコンピュータや機器に割り当てられていて、インターネットの中で重複したグローバルIPを使わないようICANN（日本ではICANNから委託されたJPNIC）が管理しています。企業や個人は契約ISPからグローバルIPを貸し出してもらっています。

　プライベートIPは、ネットワーク管理者が自由に割り当てることができるIPアドレスです。**クラスAでは「10.0.0.0～10.255.255.255」**、**クラスBでは「172.16.0.0～172.31.255.255」**、**クラスCでは「192.168.0.0～192.168.255.255」**が指定されています。LANでは、各コンピュータや機器にプライベートIPを割り当てます。

　ほかのネットワークやインターネットではプライベートIPは通用しないので、ネットワークをまたいでデータをやり取りする場合は、**ルーター**というネットワーク機器でプライベートIPをグローバルIPに変換します。すべてのコンピュータや機器にグローバルIPを割り当ててもよいのですが、契約ISPから貸し出してもらえるグローバルIPの数は限られているので、コンピュータを増やすたびに、グローバルIPの追加をISPに申請することになってしまいます。

　一方、プライベートIPはネットワーク管理者が自由に付けられるので、コンピュータが増えても減ってもすぐに対応できます。また、LANの中のコンピュータや機器にグローバルIPを付けると、インターネットを介して外部の侵入者から「このコンピュータ」とグローバルIPで特定され、攻撃される危険があります。そのため、直接インターネットとデータをやり取りするサーバーやネットワーク機器にはグローバルIP、クライアントやLANの中だけで使用するサーバーやネットワーク機器にはプライベートIPを割り当てます。

グローバルIPとプライベートIPの違い

2つのIPアドレスの違い

グローバルIP … インターネットで使えるIPアドレス
- インターネットに参加しているコンピュータや機器に割り当てる
- 重複しないようにICANN（日本ではJPNIC）が管理

プライベートIP … 1つのネットワーク内だけで通用するIPアドレス
- ネットワーク管理者が自由に割り当てることができる
  10.0.0.0～10.255.255.255（クラスA）
  172.16.0.0～172.31.255.255（クラスB）
  192.168.0.0～192.168.255.255（クラスC）

2つのIPアドレスの使い分け方

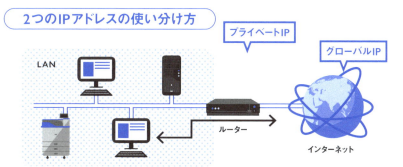

プライベートIPはインターネットで通用しないので、ルーター等を介してデータをやり取りする

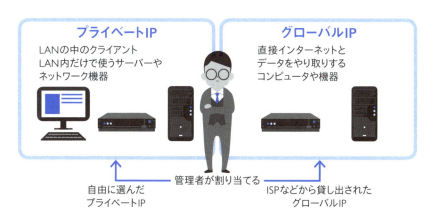

Chapter 3

7

ネットワークを分割する

サブネットマスクとは

サブネットマスクでネットワークを分割する

　IPアドレスをクラスに分ける方法の場合、IPアドレスの数がクラスごとに決まっていて、実際のネットワーク構成に応じて数を調整できません。そこで、IPアドレスの全32ビットのうち、どこからどこまでがネットワークアドレスかを表す**サブネットマスク**と組み合わせて使う、**「サブネッティング」**という方法が生まれました。サブネットマスクを使うことで、1つのネットワークを複数のネットワークに分割できます。

　サブネットマスクはIPアドレスと同様に8桁の2進数を4つ組み合わせて、ネットワークアドレスを1、ホストアドレスを0とし、それを10進数で表記します。サブネットマスクが、2進数で先頭から1が24個、残りが0だとすると、全32ビットのIPアドレスのうち先頭から24ビットがネットワークアドレスという意味になります。10進数で表記すると、「255.255.255.0」です。

　サブネットマスクによって、ホストアドレスの部分からネットワークを表す部分に変わった分を**サブネット部**、サブネッティングによって分けられたネットワークを**サブネット（ワーク）**と呼びます。先頭から24ビット分がネットワークアドレスであるクラスCのIPアドレスに対して、先頭から28ビット分をネットワークアドレスとする「255.255.255.240」のサブネットマスクを使うとしましょう。ネットワークアドレスの部分は先頭から24ビット分でしたが、サブネットマスクによって28ビット分になりました。この差の4ビット分がサブネット部です。その4ビット、つまり2進数で0000から1111までの16個分をサブネットというネットワークを表すために使います。つまり、サブネッティングで1つのネットワークを、16個のサブネットに分割した訳です。そしてサブネット部として4ビット分使ったので、ホストアドレスの部分は8ビット分から4ビット分に減りました。そのため、1つのサブネット内で使えるホストアドレスの数は16個（実際に割り当てられるのは14個）となります。

64

サブネットマスクの仕組み

サブネットマスクを使うと…

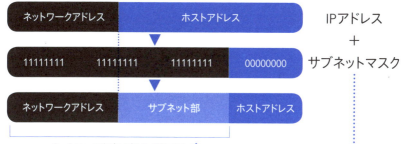

サブネットマスクを使ったIPアドレスの実例

クラスCのプライベートIP（192.168.0.0～192.168.255.255）にサブネット「255.255.255.240」を組み合わせてみる

① **192.168.0.0と255.255.255.240を2進数にする**

IPアドレス　　　　11000000.10101000.00000000.00000000
サブネットマスク　11111111.11111111.11111111.11110000

② **サブネットマスクで「1」の部分は、IPアドレスの「0」「1」をそのまま書く**

11000000.10101000.00000000.0000

これがネットワークを表す部分になる　③で計算

③ **サブネットマスクで「0」の部分（ホストアドレスを表す部分）の桁で、いくつのパターンがあるか考える。今回は4桁なので、**

```
0000  0111  1110
0001  1000  1111    ▶16個▶ ホストアドレスは16個作れる（実際は
0010  1001                    0000と1111は割り当てないので14個）
0011  1010
0100  1011
0101  1100
0110  1101
```

④ **②で得たネットワークを表す部分の末尾に、③で得たそれぞれの値を付けて10進数にする**

11000000.10101000.00000000.00001010

Chapter 3

さらにIPアドレスを効率的に使う

VLSMとCIDR

ネットワークアドレスの部分をプレフィックス長で表す

　IPアドレスとサブネットマスクを組み合わせる方法では、1つのネットワーク内ではすべて同じサブネットマスクを使います。しかし、サブネットごとに必要なIPアドレスの数が違うことも多く、効率的ではありません。そこで、1つのネットワークで異なるサブネットマスクを使える**VLSM**（Variable Length Subnet Mask。可変長サブネットマスク）が考え出されました。VLSMを使うことで、ネットワーク構成に応じてサブネットマスクを変更し、効率よくIPアドレスを使えます。

　さらに、IPアドレスをクラスで分ける概念をなくして、自由にIPアドレスの数を決められる**クラスレスアドレッシング**が登場しました。クラスレスアドレッシングを実現するために使われているのが**CIDR**（サイダー）（Classless Inter-Domain Routing）です。CIDRでは、全体の32ビットのうち、先頭から何ビットがネットワークアドレスなのかという**プレフィックス長**を「/」（スラッシュ）とビット数で表します。例えば、ネットワークアドレスが先頭から24ビットのときは、「172.16.10.125/24」と表記します。この表記方法は**CIDR表記**と呼ばれ、サブネットマスクを表すときにも使われます。

　IPアドレスをクラス分けした場合は、全32ビットのうち先頭の数字を見ればどのクラスなのかがわかります。つまり、IPアドレスだけでネットワークアドレスの部分がどこまでかを判断できます。クラスレスのCIDRの場合、どこまでがネットワークアドレスの部分なのかを判断するために、IPアドレスに加えてプレフィックス長が必要となります。

　日本のグローバルIPを管理しているJPNICでは、グローバルIPの割り当てをCIDRで行っています。企業や個人がIPSからグローバルIPを貸し出してもらうときも、CIDR表記でグローバルIPアドレスの範囲が指定されています。

IPアドレスを効率的に割り当てる方法

VLSM（可変長サブネットマスク）

割り当てる台数に応じて異なるサブネットマスクを使う… 効率よくIPアドレスを使える

クラスレスアドレッシング

VLSMよりもさらに自由にIPアドレスの数を決められる

```
           IPアドレス
  ネットワークアドレス | ホストアドレス
                     └── プレフィックス長で指定
```

CIDR表記で表す
172.16.10.125/24

- IPアドレス
- プレフィックス長 … 先頭から24ビットまでがネットワークアドレスという意味

IPアドレスの2進数と10進数の計算例

2進数→10進数（例：2進数の01111101を10進数で表す）

2進数の桁をそれぞれ2^0～2^7に当てはめて足す

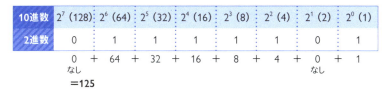

10進数→2進数（例：10進数の125を8桁の2進数で表す）

・2で素因数分解していく余りの部分が2進数の値になる
・桁が足りない分は0にして8桁にする

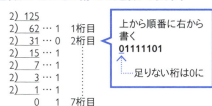

Chapter 3
9

人間にわかりやすくしたのがドメイン名

IPアドレスとドメイン名

ドメイン名をIPアドレスに変換してデータをやり取りする

　インターネットを利用する際は、ネットワークサービスを提供するサーバーをグローバルIPで指定してデータをやり取りします。しかし、数字が並んでいるだけのIPアドレスは人間にとって覚えにくいので、利便性を高めるためにグローバルIPを文字に置き換えた**ドメイン名**を使用します。実際のデータのやり取りではDNSという仕組みを使い、ドメイン名に対応するグローバルIPを取得して使用しています（118ページ参照）。

　グローバルIPとドメイン名は1対1の関係とは限らず、1つのグローバルIPに対して複数のドメイン名、複数のグローバルIPに対して1つのドメイン名を対応付けることも可能です。

　ドメイン名は、ブロック（ラベル）に分かれています。「www.xxxx.co.jp」というドメイン名の場合、末尾から順に**トップレベルドメイン**、**第2レベルドメイン**、**第3レベルドメイン**、**第4レベルドメイン**と呼びます。トップレベルドメインは国を表します（米国では組織の属性）。第2レベルドメインには、属性型、都道府県型、汎用JPドメイン名があります（日本の場合）。第3レベルドメインは組織の名称（企業名、学校名など）を表します。指定事業者に申請して登録するドメイン名は、第3レベルドメインまで（例ではxxxx.co.jp）です。第4レベルドメイン以降は、「ホスト名」「サブドメイン名」としてドメイン名を取得した団体・個人が自由に決めて管理できます。なお、すべてのレベルのドメインを記述したドメイン名を**FQDN**（Fully Qualified Domain Name。完全修飾ドメイン名）と呼びます。

　ドメイン名は**ICANN**が管理しています。日本では**JPRS**（株式会社日本レジストリサービス）が管理業務を行っています。ドメイン名を取得する際は、ISPやドメイン名の取得・管理代行業者などの、JPRSが指定する事業者に申請します。

ドメイン名とは

IPアドレスとドメイン名の違い

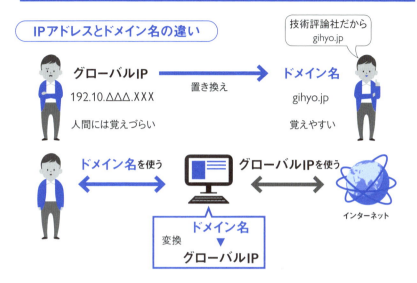

ドメイン名は階層に分かれている

www.xxxx.co.jp

トップレベルドメイン名
国を表す
（米国の場合は、組織の種類）
jp（日本）、ca（カナダ）、
uk（英国）、it（イタリア）、
fr（フランス）、de（ドイツ）、など

第2レベルドメイン名
日本では以下の3種類がある
　組織の種類を表す「属性型JPドメイン名」
　　ac（教育機関）、co（企業）など
　都道府県名を含む「都道府県型JPドメイン名」
　　tokyo（東京）、osaka（大阪）など
　任意の文字列を指定できる「汎用JPドメイン名」
　　gihyo（技術評論社）など

第3レベルドメイン名
組織の名称など

第4レベルドメイン名
第4レベル以降は「ホスト名」「サブドメイン名」として、ドメイン名を取得している組織が自由に決めて管理することができる

Chapter 3 ▶ 9　IPアドレスとドメイン名　69

Chapter 3

▼

10

メーカーがNICに付ける識別子

ネットワークインターフェイス層で使われるMACアドレス

NIC製造時に製造メーカーによって付けられる

　MACアドレス（Media Access Control addres）は、ネットワークインターフェイス層のプロトコルである**イーサネット**で使われる識別子です。**NIC**（Network Interface Card：イーサネットカード、ネットワークカード、LANカード）の製造時にメーカーによって付けられます。そのため、コンピュータやNICを買い換えるとMACアドレスも変わります。

　MACアドレスは全48ビットで、16進数（0～9の数字とA～Fのアルファベットで表す）で表記します。先頭から24ビット（16進数で6桁）は、製造メーカーを表す**OUI**（Organizationally Unique Identifier）です。MACアドレスを管理しているIEEEという組織が、製造メーカーに割り当てています。残りの24ビットは、製造メーカーが管理して割り当てている部分です。

　ネットワークインターフェイス層は、直接データをやり取りする相手との通信を担当しています。そのため、イーサネットがデータを分割してフレームを作成する際、直接データをやり取りする相手のMACアドレスを宛先アドレスとして指定します。例えば、サーバーからネットワーク機器を経由してクライアントにデータを送るとします。サーバーのイーサネットが作るフレームのヘッダには、宛先として直接データをやり取りするネットワーク機器のMACアドレスが指定されます。ネットワーク機器にデータが届いたら、ネットワーク機器のイーサネットがフレームを作ります。今度は、クライアントのMACアドレスが宛先として指定されます。フレームのヘッダに含まれる送信元MACアドレスも同様で、コンピュータや機器を経由するたびに、経由したコンピュータや機器のMACアドレスが指定されていきます。

MACアドレスはネットワークインターフェイス層の識別子

MACアドレスとは

イーサネットで使われる識別子

MACアドレス　全48ビット

16進数で02-00-19-1A-91-0Cや02:00:19:1A:91:0Cなどと表記する

OUI（Organizationally Unique Identifier）
製造メーカーを表す部分

メーカーが個々の
イーサネットカードに
割り当てる部分

宛先と送信元のMACアドレスは順次変わる

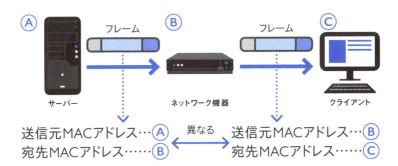

Chapter 3

特殊用途のIPアドレス①
ブロードキャストでネットワーク全体に送信

> IPアドレスとMACアドレスにはブロードキャストアドレスがある

　通常のデータのやり取りは、コンピュータや機器が1対1の関係で行います。これを**ユニキャスト**と呼びます。これに対し、1台のコンピュータや機器からネットワーク全体にデータを送ることを**ブロードキャスト**、特定の複数の相手に送ることを**マルチキャスト**と呼びます。

　ブロードキャストは、相手の識別子など、データをやり取りするときに必要となる情報を取得する際に使われます。相手の識別子がわからない状態では相手を特定してデータを送ることができないので、ブロードキャストでネットワーク全体に問い合わせます。ブロードキャストでデータを送るときは、ブロードキャスト専用の識別子**「ブロードキャストアドレス」**を使用します。

　IPのブロードキャストは、同じネットワーク全体に送る**リミテッドブロードキャスト**と、指定したネットワークアドレス内全体に送る**ディレクティッドブロードキャスト**があります。リミテッドブロードキャストアドレスは、IPアドレスの全32ビットがすべて2進数の1、10進数で表すと255.255.255.255です。ディレクティッドブロードキャストアドレスは、ネットワークアドレスの部分でブロードキャストしたいネットワークを表し、ホストアドレスの部分をすべて2進数の1にしたアドレスです。192.168.2.0/24というネットワークにブロードキャストしたい場合は、192.168.2.255というブロードキャストアドレスを使います。ブロードキャストするコンピュータが192.168.2.0/24という別のネットワークに属している場合、データはいったん192.168.2.0/24のネットワークまで運ばれて、192.168.2.0/24に着いた時点で192.168.2.0/24全体にブロードキャストされます。

　MACアドレスでは、全48ビットがすべて2進数の1、16進数で表すと「FF:FF:FF:FF:FF:FF」がブロードキャストアドレスとなります。

ブロードキャストとは

ブロードキャストの仕組み

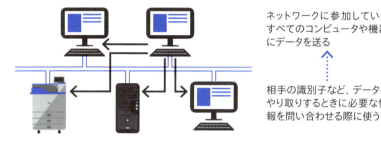

ネットワークに参加しているすべてのコンピュータや機器にデータを送る

相手の識別子など、データをやり取りするときに必要な情報を問い合わせる際に使う

ブロードキャストはブロードキャストアドレスを使う

●IPアドレスのブロードキャストアドレス

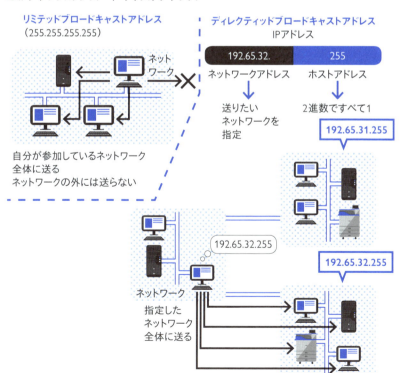

Chapter 3 ▶ 11 ブロードキャストでネットワーク全体に送信

Chapter 3

12

特殊用途のIPアドレス②

マルチキャストで
特定のグループに送信

マルチキャストグループ用のアドレスを決める

マルチキャストとは、特定のグループに属する複数のコンピュータや機器に対してデータを送ることです。テレビ会議システムなどで使われるほか、ルーティングの際にもマルチキャストが使われています。ユニキャストでサーバーから複数のクライアントに同じデータを送る場合は1対1の関係なので、サーバーはクライアントの数だけデータを送ります。一方、マルチキャストの場合は、サーバーが送るデータは1つだけです。データは途中のネットワーク機器で複製されて、複数の相手に送られていきます。

マルチキャストでは、まず受信する側が**マルチキャストグループ**に参加します。具体的には、マルチキャストに対応しているソフトウェアで、マルチキャストグループ用として決めたIPアドレスを設定します。マルチキャストグループ用のIPアドレス宛てにデータを送ると、マルチキャストグループに参加しているすべてのコンピュータや機器にデータが届きます。

IPのマルチキャストアドレスは、**クラスD**として決められた範囲の「224.0.0.0〜239.255.255.255」です。このうち、224.0.0.0〜224.0.0.255は特定の用途に使うために、224.0.1.0〜238.255.255.255はインターネットで使用されるために、IANAによって管理されています。残る239.0.0.0〜239.255.255.255は、LANのように閉じられたローカルネットワークで自由に使うために割り振られています。

マルチキャスト用のMACアドレスは、マルチキャスト用として設定したIPアドレスから割り出します。ユニキャスト用のMACアドレスとは別に、マルチキャスト用のMACアドレスが作られます。マルチキャストグループが違えば設定したIPアドレスも変わるので、MACアドレスも異なります。属していないマルチキャストグループ宛てのフレームが届いても、自分宛てのデータではないと判断して破棄します。

74

マルチキャストとは

マルチキャストの仕組み

特定のグループに対して送る

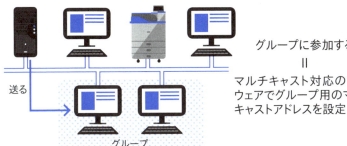

グループに参加する
＝
マルチキャスト対応のソフトウェアでグループ用のマルチキャストアドレスを設定

マルチキャストのメリット

複数のクライアントにデータを送る

マルチキャストの場合
データは1つでよい

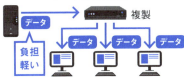

ユニキャストの場合
クライアントの数だけデータを送る

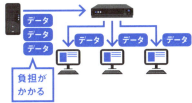

IPアドレスとMACアドレスのマルチキャストアドレス

IPアドレス … クラスD（224.0.0.0〜239.255.255.255）

インターネットで使うマルチキャストアドレスはIANAが管理
（一覧：https://www.iana.org/assignments/multicast-addresses/multicast-addresses.xhtml）
LANで使うマルチキャストアドレスは239.0.0.0〜239.255.255.255

全48ビット

MACアドレス … `0000 0001 0000 0000 0101 1110 0` 23ビット分

25ビット分はマルチキャスト用として決められている
16進数だと 01:00:5E（プラス1ビット）

IPのマルチキャストアドレスから割り出す

Chapter 3 ▶ 12　マルチキャストで特定のグループに送信　75

Chapter 3

13

データのやり取りにはMACアドレスが必要

ARPでIPアドレスに該当するMACアドレスを求める

要求パケットをブロードキャストする

　データをやり取りする相手のIPアドレスはユーザーが指定しますが、MACアドレスは指定しません。しかし、MACアドレスがわからないままだとデータのやり取りができません。そこで、**ARP**（Address Resolution Protocol）というプロトコルを使ってMACアドレスを調べます。ARPは、インターネット層に属します。

　MACアドレスを知りたい相手が同じネットワークにいる場合、ARPは「このIPアドレスを持つコンピュータや機器は、MACアドレスを教えてください」と要求するパケットを作り、下位のネットワークインターフェイス層のイーサネットに渡します。イーサネットはこのパケットをフレームにして、**ブロードキャスト**で送ります。フレームは、ネットワークに参加しているすべてのコンピュータや機器に届きます。受け取った側はARPの要求パケットを見て、自分のIPアドレスが該当するのであれば、「自分のMACアドレスはこれです」とユニキャストで返信します。自分のIPアドレスが該当するIPアドレスでなければ、返信しません。これで、送信側はデータをやり取りしたい相手のMACアドレスを知ることができます。そして、ARPで知ったIPアドレスとMACアドレスの情報を**ARPテーブル**として保存しておき、今後のデータのやり取りに使います。なお、MACアドレスを知りたい相手が別のネットワークにいる場合、パケットをネットワークの出入口である「ゲートウェイ」に送ります（84ページ参照）。ただし、ゲートウェイのMACアドレスがわからないので、ゲートウェイのIPアドレスを指定した要求パケットを作ります。

　ARPがIPアドレスからMACアドレスを求めるのに対し、MACアドレスからIPアドレスを求めるための、RARP（Reverse ARP）というプロトコルもありますが、現在のネットワークではあまり利用されていません。

76

ARPの仕組み

ARPでMACアドレスを取得する

ポート番号 … クライアント側は通信開始時にTCP/IPプロトコルスタックが割り当てる。サーバーの場合はウェルノウンポート番号

IPアドレス … ユーザーが指定する
例：ウェブブラウザでURLを入力
　　メールソフトでメールサーバーのドメイン名を設定

MACアドレス … 最初はわからない
↓
ARPでIPアドレスに該当するMACアドレスを取得

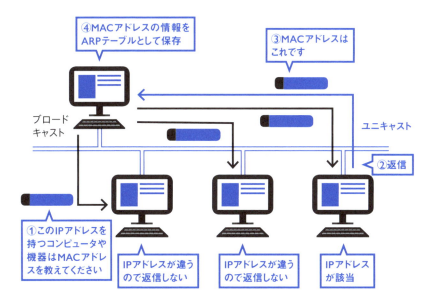

Chapter 3

14

IPv6アドレスの仕組み

次世代のIP「IPv6」とは

IPアドレス枯渇問題を解決

インターネットで主に使われているIPはIPv4です（58ページ参照）。しかし、インターネットに接続される機器が爆発的に増え、このままではIPアドレスの数が足りなくなる可能性が浮上しました。そこで、IPの次のバージョン**「IPv6」**（IP Version6）の導入が始まっています。

IPv6とIPv4の大きな違いがアドレスの長さです。IPv4ではアドレス長が32ビットで、作成できるIPアドレスの数は2の32乗（約43億）個でした。一方、IPv6はアドレス長が128ビットになり、2の128乗（約340潤）個ものアドレスが作れ、事実上枯渇の心配はありません。IPv6アドレスの表記方法も変更され、16ビットずつ「：」（コロン）で区切って16進数で表します。例えば「1110:EF40:0000:ABCD:0003:1234:35AC:5678」のようになります。

IPv6アドレスもインターネット層の識別子ですから、基本的な構造や働きはIPv4アドレスと同じです。IPv6アドレスの構造は、IPv4アドレスでのネットワークアドレスに相当する**サブネットプレフィックス**と、ホストアドレスに相当する**インターフェイスID**に分かれます。IPv4アドレスと同様、IPv6アドレスも機器のネットワークインターフェイスに割り振られます。

IPv6アドレスは、通信相手による挙動の違いで3つに分類できます。1対1でやり取りするときに使用するのがユニキャストアドレスです。グループ内の1つの機器とだけやり取りする際はエニーキャストアドレスを使用します。一度に多くの機器と通信するのがマルチキャストアドレスです。アドレス数が十分確保できることから、すべての機器にグローバルアドレスを割り振ることも可能になり、NAT（98ページ参照）でプライベートIPとグローバルIPを変換する必要もなくなります。このほか、パケットの暗号化機能を組み込めたり、モバイルで使用しやすいなどの工夫もされています。

78

IPv6アドレスとは

インターネットに接続する機器が急増

IPv4 … 約43億個
→ IPアドレスが足りない

IPv6 … 約340澗個
→ 事実上、枯渇しない

IPv6アドレスなら枯渇の心配がなくなる

●IPv6アドレスの構造

●3つのIPv6アドレス

● ユニキャストアドレス

●マルチキャストアドレス

●エニーキャストアドレス

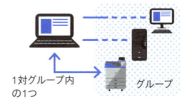

Chapter 3 ▶ 14　次世代のIP「IPv6」とは　79

Column

整いつつある
IPv6環境

　IPv6を利用するには、いくつかの要件があります。まず、使用する機器がIPv6に対応していることが必要です。すでにPCのOS（Windows、macOS）やスマートフォン、タブレット、企業向けのルーターなどネットワーク機器はIPv6に対応しています。ただし、家庭用のルーターの中には、未対応の機種があるので導入時には注意が必要です。ISPやネットワーク回線がIPv6に対応している必要もありますが、大手のFTTH回線や携帯電話会社は、すでにIPv6接続が可能になっています。IPv6に対応するISPも増えてきました。IPv6を利用できる環境はかなり整ってきたといえます。

　では、アプリケーションやコンテンツのIPv6対応はどうでしょうか。主要なウェブブラウザやメールソフトは、IPv6で使用することができます。GoogleやFacebook、TwitterなどのウェブサイトもIPv6で利用できますし、IPv6で接続した方が表示が速くなるサイトもあります。スマートフォン用のアプリも多くがIPv6に対応しており、特にiPhoneアプリ（iOS 9以降）ではIPv6への対応が必須となっています。IoTと呼ばれるインターネットに接続できる家電製品などもIPv6に接続できます。

　このように、IPv6のニーズは高まっていますが、すぐに切り替わるわけではなく、当面はIPv4とIPv6が併用されます。しかし、今後、IPv6対応のコンテンツやサービスが増えることは間違いないでしょう。

Chapter

4

LAN で
使われている技術

本章では、LANで使われるさまざま
な技術について解説します。ルー
ターとルーティングについてはもち
ろん、LAN内で使われるディレクト
リサービスなどの各種サービスにつ
いても触れていきます。

2つの代表的ネットワーク

LANとWAN

> WANは広域を結んでいるがインターネットとは違う

　本社と支社間など、離れた場所にあるLANを結んだネットワークを**WAN**（Wide Area Network）と呼びます。インターネットも広義ではWANですが、一般的には企業のLANとLANを結ぶものをWANと呼びます。インターネットは誰もが自由に使用できますが、WANは通信事業者と契約しないと使えません。また、インターネットでは、どのコンピュータや機器が参加しているかを完全に把握できませんが、WANの場合は把握できます。WANは、LANと同じように閉じられたネットワークといえます。

　LANとLANの間を結ぶには、通信事業者が提供するネットワークを使用します。通信事業者が提供するネットワークには、回線を占有しない**パケット交換方式**と、占有する**回線交換方式**のほか、**専用線方式**があります。パケット交換方式は、回線交換方式より通信速度が速く、複数のLAN間でデータをやり取りできます。パケット交換方式のサービスには、**IP-VPN**、**広域イーサネット**、**フレームリレー**などがあります。IP-VPNは、IPを使うIPネットワークの中に、仮想的にLANとLANを結ぶネットワークを作る技術です。通信事業者が所有するIP網を使用し、LANとLANを接続することになります。IP-VPNで使用するIP網もインターネットと同じIPネットワークですが、インターネットとは独立して作られた別のネットワークです。また、広域イーサネットは、イーサネットでLAN間を結ぶ技術です。

　回線交換方式は、データを送りたいときに、送りたい相手を指定して回線を確保する方式で、支店間を結ぶ内線電話サービスなどに向いています。専用線方式は、文字通り2点間を専用の回線で結び、データをやり取りする方式です。高速で安定したデータのやり取りが行えますが、コストがかかります。

LANで構成されるWAN

WANとは

WAN
離れた場所にある
LANとLANを結んだ
ネットワーク

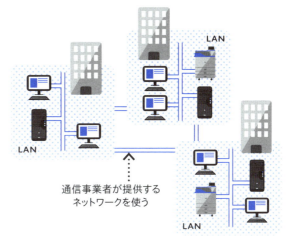

通信事業者が提供する
ネットワークを使う

通信事業者が提供する契約ユーザーのみが使える閉じられたネットワークを使用

→ 広域に展開している、複数のユーザーが共用しているなど、インターネットと似た部分もあるが別物

WANで使われる通信方式

パケット交換方式 … IP-VPN、広域イーサネット、フレームリレーなど

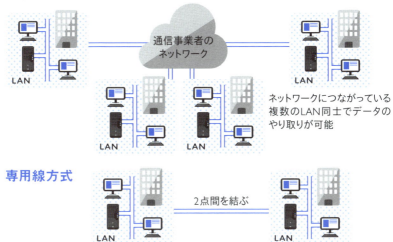

ネットワークにつながっている複数のLAN同士でデータのやり取りが可能

専用線方式

2点間を結ぶ

Chapter 4

2

ゲートウェイの役割

ゲートウェイを設置して ほかのネットワークと接続する

参加している複数のネットワークの仕組みに対応している

あるネットワークから別のネットワークへつながる出入口を**ゲートウェイ**と呼びます。ゲートウェイの役割の1つが、**異なる仕組みを採用するネットワーク同士でデータをやり取りする**ことです。例えば、インターネットとLANの間でデータのやり取りをするとき、LANの中ではプライベートIP、インターネットではグローバルIPを使用するので、そのままだとデータをやり取りできません。しかし、プライベートIPとグローバルIPの両方を持つ機器を介することで、データのやり取りが可能になります。この機器がゲートウェイです。

このように、ゲートウェイは複数のネットワークに参加するので、**複数のネットワークインターフェイスを備えたハードウェア**を使用します。**ルーター**を使用することが多いのですが、ネットワークインターフェイスを複数備えたコンピュータを**ゲートウェイサーバー**として使用することも可能です。また、ゲートウェイは参加しているネットワークごとにIPアドレスを持っています。参加しているネットワークで採用しているプロトコルが異なる場合は、プロトコルも両方に対応します。

ネットワーク内のコンピュータや機器は、「ほかのネットワーク内のコンピュータや機器にデータを送るときは、このIPアドレスを持つゲートウェイに送る」とあらかじめ設定しておきます。設定されたゲートウェイを**デフォルトゲートウェイ**と呼びます。

ゲートウェイのもう1つの役割は**セキュリティ**です。ほかのネットワークへ送られるデータや、ほかのネットワークから届くデータは、必ずゲートウェイを通ります。そこで、ゲートウェイでデータをチェックし、危険なデータを排除します。ウイルスチェック機能やコンテンツフィルタリング機能を備えたゲートウェイも普及しています。

ゲートウェイの仕組み

ゲートウェイとは

ゲートウェイ … 別のネットワークへの出入口

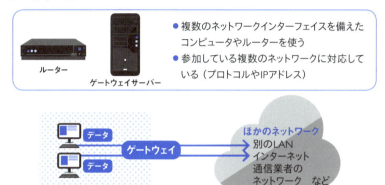

ネットワーク内のコンピュータや機器はほかのネットワーク宛のデータを<u>デフォルトゲートウェイ</u>に送る

ゲートウェイの役割

● 異なる仕組みを採用するネットワーク同士でデータをやり取りする

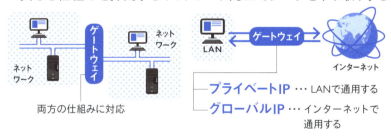

● セキュリティ

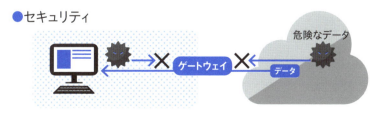

Chapter 4 ▶ 2　ゲートウェイを設置してほかのネットワークと接続する　85

Chapter 4

3

ルーターの役割

データの道筋を決める
ルーティング

どちらのルートを選ぶかという「経路選択」を行う

　TCP/IPのインターネット層で、IPが担う役割の1つに**ルーティング**があります。ルーティングとは、どのルートを通ってデータをやり取りすればよいのかを選択することで、**経路選択**ともいいます。ルーティングを行う機器のことを**ルーター**と呼びます。

　ルーターはどのルートを選べばよいのかを判断するために、「ネットワークアドレスがこれのIPアドレス宛てのデータは、このルーターに送る」という情報を集めた**ルーティングテーブル**を持っています。ネットワークAが、ネットワークB、ネットワークEと直接接続している状況で、ネットワークA内のコンピュータからネットワークFのコンピュータにデータを送るとします（右図参照）。ネットワークAのコンピュータは、ネットワークAのルーターaにデータを送ります。ルーターaはルーティングテーブルと、送られてきたデータグラムのヘッダに含まれる宛先IPアドレスのネットワークアドレスを参照します。ルーティングテーブルに「ネットワークアドレスがネットワークFなら、ルーターeに送る」とあるので、ルーターaはルーターeにデータを送ります。ここでルーターaは、ネットワークBではなくネットワークEを選択しました。これがルーティングです。

　ルーティングを行う機器としてはルーターが代表的ですが、LANの中では**レイヤ3スイッチ**も普及しています。レイヤ3スイッチは、ケーブルをつなぐポート数が多く、高速に処理できます。しかし、基本的にイーサネットのみに対応しているので、LANとWANを接続するときなど、別のネットワークインターフェイス層のプロトコルにも対応する必要がある場合にはルーターを使います。ただ、ルーターやレイヤ3スイッチは機種によって付加機能に違いがあり、単純にルーターだから、レイヤ3スイッチだからと区別するのは難しくなっています。

86

ルーティングの仕組み

ルーティングとは

ルーティング … どのルートを通ればよいのか選択する（経路選択）

ルーティングの仕組み

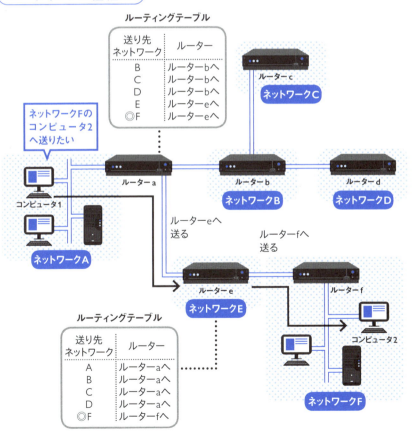

Chapter 4

2つのルーティング
スタティックルーティングとダイナミックルーティング

> ネットワーク構成に応じて適した方法を選ぶ

　ルーティングは、どのようにルーティングテーブルを作るかによって**スタティックルーティング**と**ダイナミックルーティング**に分かれます。スタティックルーティングは、ネットワーク管理者が手作業で「このネットワークアドレスならこのルーターに送る」という情報を登録します。ダイナミックルーティングは、ルーター同士が**ルーティングプロトコル**を使い情報を交換してルーティングテーブルを作ります。

　スタティックルーティングは、初期設定時にネットワーク管理者が情報を登録する手間がかかります。ネットワークに変更があれば、情報を手作業で変更しなければなりません。ネットワークに障害が起きたので当面別の経路を通るようにしたいといったケースでも、管理者が設定を変更し、復旧したら元に戻すことになります。その代わり、ルーター自身がルーティングテーブルを作る作業を行わなくてもよいので、ルーターの負担が少なく済みます。

　ダイナミックルーティングは、初期設定時に「ダイナミックルーティングを使う」と設定するだけで、自動的にルーティングテーブルが作られるので管理の手間はかかりません。ネットワークに変更があっても、自動的にルーティングテーブルが更新されます。ネットワークに障害が起きた場合も、別の経路を通るよう情報が切り替わります。ただし、ほかのルーターと情報を交換し、ルーティングテーブルを作成、更新する作業を行うため、ルーターとネットワークに負担がかかります。

　ルーティングテーブルに登録する情報が少ない小規模のネットワークや、特定のルーターを経路として選択することが決まっていてルーティングテーブルの情報を変更する必要が少ないネットワークでは、スタティックルーティングを使います。登録する情報が多く変更も多いネットワークでは、ダイナミックルーティングを使います。

スタティックルーティングとダイナミックルーティングの違い

スタティックルーティング

ネットワーク管理者が手作業で設定
- ネットワークに変更があった場合、障害が起きた場合などに手作業で設定しなおす必要がある
- 最初の設定に手間がかかる

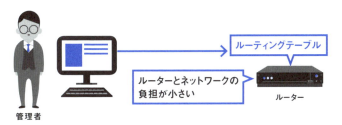

ダイナミックルーティング

ルーター同士が情報交換してルーティングテーブルを自動作成
- 人間がルーティングテーブルを作成する必要がない
- ネットワークに変更があっても自動的にルーティングテーブルが更新される

- 小規模ネットワーク
- 特定の経路にルーティングすることが決まっている

→ スタティックルーティング

- ルーティングテーブルに登録する情報の多い中〜大規模ネットワーク

→ ダイナミックルーティング

Chapter 4

ルーターのリンク情報の交換

ルーティングプロトコルを使ってルーター同士が通信

用途に合わせてさまざまなルーティングプロトコルがある

　ルーターがルーティングテーブルを作るために使うルーティングプロトコルにはさまざまな種類がありますが、大きく分けてAS内のルーター同士が使うものと、ASの外にあるルーター同士が使うものの2つがあります。

　ASとは、**自律システム**（Autonomous System）の略です。巨大なネットワークでは全体を管理することは難しいので、プロバイダや企業などを1つの単位としてネットワークを形成し管理します。その1つ1つがASです。どのASかを区別するために、**AS番号**が付けられています。AS番号には、**グローバルAS番号**と**プライベートAS番号**があります。グローバルAS番号はインターネットで通用するAS番号で、ICANNが管理しています。日本ではJPNICが管理しており、グローバルIPと同様に申請して割り当ててもらいます。プライベートAS番号は、グローバルAS番号を持つネットワーク内で使うAS番号で、インターネットでは通用しません。

　AS内のルーター同士が使うルーティングプロトコルを**IGP**（Interior Gateway Protocol）、ASの外にあるルーター同士が使うルーティングプロトコルを**EGP**（Exterior Gateway Protocol）と呼びます。

　また、ルーティングプロトコルはルーティングテーブルの情報をどのように交換するかによって、**ディスタンスベクタ型**と**リンクステート型**に分かれます。ディスタンスベクタ型は、隣接するルーター同士で情報を交換します。リンクステート型は、自分がどのルーターに接続されているかなどのリンク情報をほかのすべてのルーターに送ります。各ルーターは、送られてきた情報を元に、ネットワーク全体を把握するデータベースを作ります。

ルーティングプロトコルとは

ルーティングプロトコルの分類①

AS（自律システム）… インターネットを構成しているネットワークの単位

IGP … AS内のルーター同士が使う
EGP … ASの外のルーター同士が使う

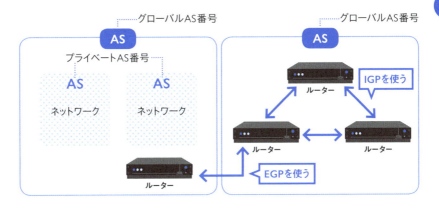

ルーティングプロトコルの分類②

ディスタンスベクタ型　　　　　リンクステート型

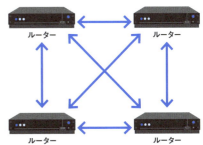

隣接するルーター同士で情報を交換　　リンクの情報をすべてのルーターに送る

Chapter 4 ▼ 6

ファイル共有、プリンタ共有、グループウェア

LAN内で提供されるネットワークサービス

ファイル共有サービスとプリントサービスはOSに標準装備

　LAN内のユーザーのために、LAN内で提供される代表的なネットワークサービスとしては、**ファイル共有サービス**と**プリントサービス**が挙げられます。ファイル共有サービスは、ファイルサーバーソフトが稼働しているファイルサーバーを設置し、各クライアントがファイルを保存したり、保存したファイルを閲覧、変更したりするというものです。プリントサービスは、LANに接続されたプリンタを複数のクライアントで共有するサービスです。ネットワークに接続できるネットワークプリンタを使う方法と、プリントサーバーソフトが稼働しているサーバーのハードウェア（プリントサーバー）にプリンタを接続する方法があります。プリントサーバーは小型の機器ですが、中身はプリントサービスを提供することに特化したサーバーです。

　ファイル共有サービスとプリントサービスはLAN内で提供するサービスとして非常によく使われるので、サーバー用のOSにはこれらのサービスを提供する機能が標準で装備されています。

　企業ネットワークでは、**グループウェアサービス**を導入するケースも多く見られます。グループウェアとは、企業内の情報共有を効率よく行うためのサービスです。スケジュール管理、掲示板などによる情報交換、会議室などの予約、各種申請書のデジタル化など、多彩な機能を備えています。グループウェアの多くは、ウェブブラウザで利用できます。LAN内にグループウェアサービスを提供するサーバーを構築するのが基本ですが、管理・運用の手間がかかるのが問題です。そのため、グループウェアサービスを提供する業者がサーバーの運用も担当し、ユーザーはインターネット経由で業者のサーバーに接続してグループウェアサービスを利用する**SaaSサービス**も増えています（138ページ参照）。

代表的な3つのネットワークサービス

ファイル共有サービス

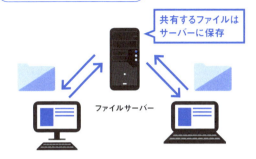

共有するファイルはサーバーに保存

- ユーザー同士でファイルを共有
- 常時安定したサーバーを使うことでP2Pのファイル共有よりも安定したサービスを提供できる
- USBメモリなども不要

プリントサービス

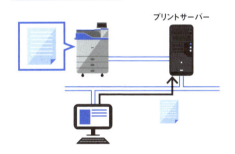

- ネットワークに接続できるネットワークプリンタには、プリントサーバーとしての機能を内蔵

グループウェアサービス

スケジュール管理／社内掲示板／書類デジタル化／会議室などの予約

ウェブブラウザで利用できる

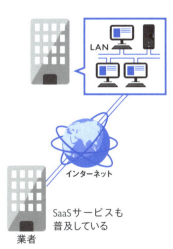

SaaSサービスも普及している

IPアドレスなどを自動的に設定する

DHCPサービスの仕組み

IPアドレスやデフォルトゲートウェイの情報を配布

　DHCPサービスとは、IPアドレスをはじめ、デフォルトゲートウェイやサブネットマスクなど、データのやり取りに必要な情報を自動的に設定するネットワークサービスです。**DHCP**（Dynamic Host Configuration Protocol）はTCP/IPのアプリケーション層に属するプロトコルで、トランスポート層のプロトコルとしてUDPを使用します。

　DHCPサーバーと、あらたにネットワークに参加したクライアントとのデータの流れを見てみましょう。クライアントは、まず「DHCPサーバーがいたら返事をしてください」という**「DHCP DISCOVER」**データをブロードキャストします。ブロードキャストが届く範囲のネットワークにあるDHCPサーバーは、「DHCP DISCOVER」の返信として、ユニキャストでクライアントへ**「DHCP OFFER」**データを送ります。クライアントは受け取った「DHCP OFFER」の中から使用するDHCPサーバーを1つ選び、「このDHCPサーバーを使うので、該当するDHCPサーバーは情報を送ってください」という**「DHCP REQUEST」**データをブロードキャストします。DHCPサーバーには、クライアントに割り当てるIPアドレスの範囲が**アドレスプール**として用意されています。「DHCP REQUEST」を送られたDHCPサーバーはアドレスプールから1つIPアドレスを選び、そのIPアドレスなど必要な情報を含んだ**「DHCP ACK」**データをユニキャストでクライアントに送ります。「DHCP ACK」を受け取ったクライアントは、「DHCP ACK」に含まれる情報を設定します。

　また、DHCPにはIPアドレスの有効期限を設けて、期限を過ぎたら再度IPアドレスを割り当てる機能があります。そのため、クライアントのIPアドレスは時間経過によって変わります。常に同じIPアドレスである必要があるサーバーには、ネットワーク管理者が手作業でIPアドレスを割り当てます。

DHCPでIPアドレス等の割り当てを自動化

DHCPサービスとは

配布する情報
- IPアドレス
- サブネットマスク
- デフォルトゲートウェイ
- DNSサーバーのIPアドレス　など

DHCPサービスを導入するメリット

管理者
- 割り当てるIPアドレスの範囲を指定しておけばよく、IPアドレスの管理の手間が省ける
- ユーザーに設定情報を配布したり、設定方法を指導したり代行する必要がない

ユーザー
- 設定を行わなくてもよい

DHCPサービスの流れ

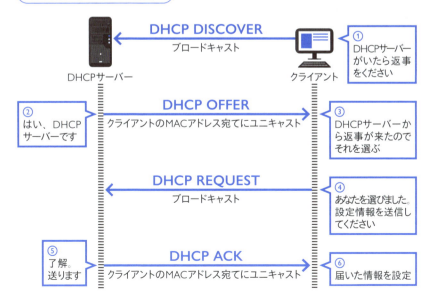

① DHCPサーバーがいたら返事をください
② はい、DHCPサーバーです
③ DHCPサーバーから返事が来たのでそれを選ぶ
④ あなたを選びました。設定情報を送信してください
⑤ 了解。送ります
⑥ 届いた情報を設定

Chapter 4 ▶ 7　DHCPサービスの仕組み　95

Chapter 4

8 コンピュータやユーザーの情報を一元管理
ディレクトリサービスを導入する

> コンピュータや機器、ユーザーの情報を一元管理して手間を軽減

　ディレクトリサービスとは、ネットワークに参加しているコンピュータや機器、ユーザーの情報などを集めたデータベースを作り、一元管理するネットワークサービスです。ファイルサーバーなどのサーバーやプリンタをどのユーザーがどのように利用できるのかは、各サーバーソフトで1つ1つ設定して管理します。しかし、これでは手間がかかり、変更も容易ではありません。そこで、1つにまとめて管理しよう、というのがディレクトリサービスの基本的な考えです。Windows Serverには、**Active Directory**というディレクトリサービスが標準装備されています。UNIX系OSでは、無償で配布されている**OpenLDAP**が広く使われています。

　ディレクトリサービスを利用するには、ディレクトリサービスを提供するサーバーを構築します。このサーバーで、ユーザーやコンピュータ、機器の情報を一元管理します。Active Directoryでは、**ドメインコントローラー**と呼ばれるコンピュータがこの役割を果たします。

　Active Directoryの場合、**ドメイン**という単位でコンピュータや機器、ユーザーの情報を管理します。ドメインはツリー構造をとり、ドメインの下に枝分かれして別のドメインを作ることも可能です。ツリー構造をとったドメインを複数まとめた単位を**フォレスト**と呼びます。

　また、実際の企業ネットワークの利用状況を見るとファイルサーバーのどのフォルダを利用できるか、どのプリンタを利用するかといった設定は部門ごとにほぼ同じです。そこで、ディレクトリサービスでは、ユーザーをグループ分けして、グループごとに管理します。Active Directoryではこのグループを**OU**（Organizational Unit）と呼びます。

　ディレクトリサービスは、管理するコンピュータや機器、ユーザーの数が多い大規模の企業ネットワークで利用されています。

ディレクトリサービスとは

ディレクトリサービスのメリット

ディレクトリサービスはコンピュータや機器、ユーザーなどの情報を集めたデータベースを作り、一元管理するサービス

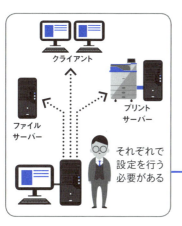
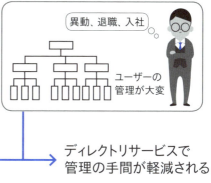

ディレクトリサービスの仕組み

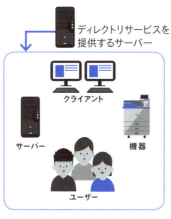

Chapter 4 ▶ 8 ディレクトリサービスを導入する

グローバルIPとプライベートIPの変換

NATとNAPT

グローバルIPとプライベートIPをゲートウェイで変換

　プライベートIPが割り当てられているLANの中のコンピュータがインターネットに接続する場合、グローバルIPがないのでそのままでは利用できません。そこで、LANからインターネットへの出入口となる**ゲートウェイ**で、グローバルIPとプライベートIPを変換する**NAT**（Network Address Translation）または**NAPT**（Network Address Port Translation）という仕組みを使います。NAPTは**IPマスカレード**とも呼びます。

　LANの中のコンピュータAが、インターネットにあるサーバーBとデータをやり取りするとします。サーバーBはコンピュータAとは別のネットワークにあるので、コンピュータAは**デフォルトゲートウェイ**にデータを送ります。ゲートウェイはデータグラムのヘッダにあるコンピュータAのプライベートIPを、ゲートウェイ自身のグローバルIPに書き換えて、インターネットのサーバーBに送ります。データを受け取ったサーバーBは、ゲートウェイのグローバルIP宛てにデータを返します。データを受け取ったゲートウェイは、自身のグローバルIPに変換したプライベートIPの記録を参照し、宛先IPアドレスをコンピュータAのプライベートIPに書き換えて送ります。これがNATです。

　NATではゲートウェイが持つグローバルIPが1つの場合、グローバルIPとプライベートIPの組み合わせも1通りしか作れないので、同時に複数のデータのやり取りを処理できません。そこで、プライベートIPアドレスごとに異なるポート番号を組み合わせたNAPTを使います。異なるクライアントとサーバーの間同士にそれぞれ別の仮想的な通路が形成されるので、ゲートウェイのグローバルIPが1つでも同時に複数のデータのやり取りを行えます。実際のネットワークでは、NAPTを使用しています。

NATとNAPTの仕組み

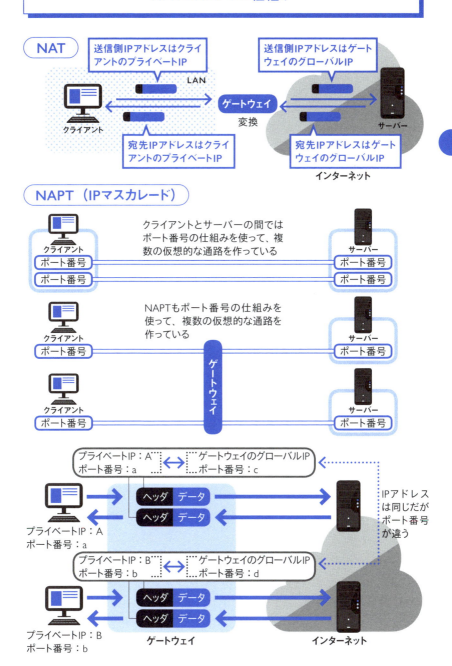

Chapter 4 ▶ 9 NATとNAPT

Chapter 4

インターネットを利用して専用線を作る

VPNの仕組み

ポイントは暗号化、トンネリング、認証の3つ

　VPN（Virtual Private Network）とは、複数のユーザーが共同で使用しているネットワークの中に、仮想的にネットワークを作る仕組みです。通信事業者が所有するIP網を利用するVPNを**IP-VPN**と呼び、LANとLANを結ぶ方法として利用されています（82ページ参照）。インターネットを利用するVPNを**インターネットVPN**と呼び、外出先から社内のLANを利用するときなどに使われています。VPNの仕組みを実現するプロトコルとしては、**IPSec**（Security Architecture for Internet Protocol。アイピーセック）、**PPTP**（Point-to-Point Tunneling Protocol）、**L2TP**（Layer 2 Tunneling Protocol）などがあります。WindowsOSでは、IPSecとL2TPを組み合わせて使う方式（L2TP/IPsec）とPPTPを標準で装備しています。

　VPNの仕組みでポイントとなるのは、「**暗号化**」、「**トンネリング**」、「**認証**」の3つです。VPNではインターネットなどの多くのユーザーが利用するネットワークを使い、閉じられたネットワーク（LAN）の中のコンピュータとデータをやり取りするので、途中でデータを盗まれたり改ざんされる危険性があります。そのため、データを暗号化してやり取りします。トンネリングとは、パケットをカプセル化してやり取りすることです（48ページ参照）。OSI参照モデルのどの階層のパケットをカプセル化するかによって、レイヤ2トンネリング、レイヤ3トンネリングなどと呼びます。IPSecはレイヤ3トンネリング、L2TPはレイヤ2トンネリングです。VPNには正規のデータのやり取りであるかを認証する機能も装備されており、**「IKE」**（Internet Key Exchange）などが使われています。

　VPNを利用するには、VPNに対応したゲートウェイを導入します。外出先のコンピュータからインターネットVPNを利用する場合は、コンピュータに**VPNクライアントソフト**を導入しておく必要があります。

VPNは仮想的な専用線ネットワーク

VPNの仕組み

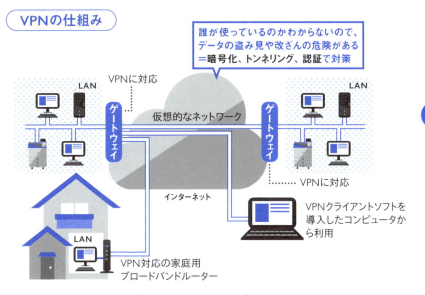

- インターネットを使うVPN ▶ **インターネットVPN**
  外出先から社内LANを利用するときなどで使われる
- 通信事業者のIP網を使うVPN ▶ **IP-VPN**
  LANとLANを結ぶときなどで使われる

暗号化—トンネリング—認証という流れでデータが相手に届く

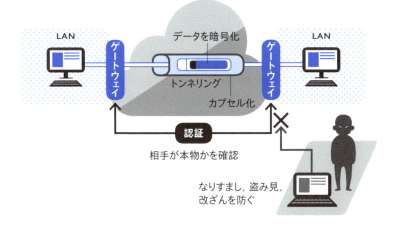

Chapter 4
11

無線LANは便利だがセキュリティ対策が必須

無線LANの仕組み

> 企業ネットワークへの導入は慎重に

　OSI参照モデルの物理層にケーブルを使わず、赤外線や電波を使用してデータをやり取りするLANのことを**無線LAN**と呼びます。コンピュータを無線LANに接続するときは、一般的に電波を使います。有線で構築されたLANに無線LANを導入する場合、**アクセスポイント**と呼ばれる機器を設置します。

　無線LANの規格は、IEEEが策定した**「IEEE 802.11」**が広く普及しています。以前は「IEEE 802.11a」「IEEE 802.11b」「IEEE 802.11g」などが使用されていましたが、現在主に使われているのは、**「IEEE 802.11n」「IEEE 802.11ac」**です。また、「IEEE 802.11ad」も使用され始めています。理論上の最大通信速度は「IEEE 802.11n」が600Mbps、「IEEE 802.11ac」は6.9Gbps、「IEEE 802.11ad」は6.7Gbpsです。なお、無線LANの話題でよく登場する**「Wi-Fi」**は無線LAN機器を扱うメーカーの業界団体のことで、規格名ではありません。**「Wi-Fi Alliance」**を取得している機器であれば、ほかのメーカーの機器とも問題なくデータをやり取りできることが保証されています。

　無線LANにはセキュリティの問題があるため、暗号化技術が導入されています。しかし、以前から導入されていた**「WEP」**は、簡単に破られてしまうとの報告があります。無線LANの設定時には、**「WPA2-AES」**（WPA-AES、WPA2とも呼ぶ）を選びましょう。機器のMACアドレスに基づいて接続の可否を行う機能を提供するアクセスポイントもありますが、無線LANのMACアドレスの偽装は容易です。不正侵入を防ぐために、LAN接続を認証する技術規格**「IEEE802.1X」**を導入し、許可されたコンピュータや機器だけが接続できるように制限をかけることが推奨されています。また、誰もが見られる無線ネットワークの識別子**「ESSID」（SSID）**に企業名を付けると、簡単に企業名を特定されてしまうので避けましょう。

無線LANとセキュリティ

無線LAN

物理層に電波や赤外線を使う

アクセスポイント

無線LANの規格

規格	最大速度(理論値)	特徴
IEEE 802.11n	600Mbps	電波の干渉、障害物に強い
IEEE 802.11ac	6.9Gbps	電波干渉を受けにくいが、障害物に弱い
IEEE 802.11ad	6.7Gbps	電波の届く範囲は狭いが、高速に通信できる

無線LANを導入するならセキュリティ対策は必須

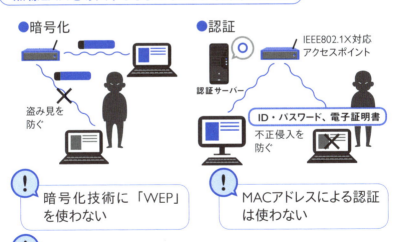

●暗号化　　盗み見を防ぐ

●認証　　IEEE802.1X対応アクセスポイント　認証サーバー　ID・パスワード、電子証明書　不正侵入を防ぐ

⚠ 暗号化技術に「WEP」を使わない

⚠ MACアドレスによる認証は使わない

⚠ ESSIDに企業名を使わない
　→無線ネットワークの識別子
ネットワーク構成やフロアの様子がわかる名前も避ける

○○社のネットワークだ！
ESSID
2階が経理部か！

Chapter 4

12

全二重通信と半二重通信

イーサネットはCSMA/CD でデータの衝突を防ぐ

ケーブルの空きを確認してデータを送り、衝突したら再送する

ネットワークインターフェイス層のプロトコル、イーサネットには**CSMA/CD**（Carrier Sense Multiple Access with Collision Detection）という仕組みが採用されています。イーサネットの特徴として最初に挙げられるのが、このCSMA/CDです。CSMA/CDは、**半二重通信**の際に使われます。半二重通信とは、1本の回線を送信と受信の両方に使う通信方式です。回線が1本しかないので、同時に送受信できません。一車線しかない道路をイメージしてください。すれ違う、つまり同時に双方向に行き交うことはできませんが、片方ずつなら双方向に行き来できます。これに対し、複数の回線を使い同時に送受信できる方式を**全二重通信**と呼びます。

半二重通信では、同時に双方向からデータがやってくることがあります。一車線道路の向こう側から車が来てしまった状態です。車ならバックして避けられますが、データの場合はそのまま衝突して壊れてしまいます。これを**コリジョン**と呼びます。コリジョンを起こさないようにしつつ、起きた場合にも対処するのがCSMA/CDの役割です。回線にデータが流れていないかを確認し（Carrier Sense）、空いていればデータを送ります。空いていない場合は、空くまで待ちます。このようにして、1本の回線を複数のコンピュータや機器が共有して使います（Multiple Access）。通常はこれで終わりですが、たまたま複数のコンピュータや機器が同時に「空いている」と確認してデータを送ってしまい、コリジョンが起こることもあります。そこで、コリジョンが起こったことを検知したら（Collision Detection）しばらく待ち、再び回線の確認から始めます。

イーサネットは半二重通信と全二重通信の両方に対応しています。半二重通信で通信する場合はCSMA/CDを使いますが、全二重通信で通信する場合は必要ありません。

104

2種類の通信方式

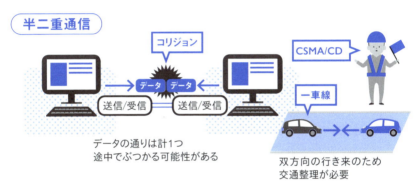

●CSMA/CDの役割

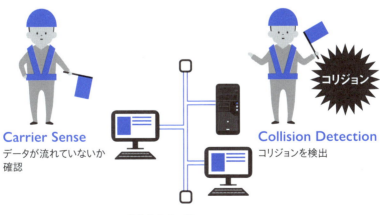

Chapter 4 ▶ 12　イーサネットはCSMA/CDでデータの衝突を防ぐ

Column

ネットワークの形態を表す
ネットワークトポロジー

コンピュータや機器がどのような形態で接続されているか
を表すのがネットワークトポロジーです。代表的なネット
ワークトポロジーにスター型、バス型、リング型があります。

スター型は、ネットワーク機器を中心にして、放射状にコ
ンピュータや機器を接続します。中心となるネットワーク機
器と各コンピュータや機器との間をそれぞれ別のケーブルで
接続しているので、ケーブルが故障してもネットワーク全体
に影響が出ないというメリットがあります。現在のLANは、
スター型が主流となっています。

バス型は、バスと呼ばれるケーブルにコンピュータや機器
を接続し、バスの両端には信号が反射しないようターミネー
タ（終端抵抗）を付けます。コストがかかったり、レイアウ
トの自由度が低いというデメリットがあり、現在ではあまり
使われていません。

リング型は、バスがリング状になっている形態です。デー
タが一方向にバスを回っていくため、リング型は高速にデー
タをやり取りできます。代表的なものは「トークンリング」
などで、基幹ネットワークなど大規模のネットワークで使わ
れています。

ネットワークトポロジーには、そのほかにもコンピュータ
や機器を相互に接続するメッシュ型、ツリー状に枝分かれし
ていくツリー型などがあります。実際のネットワークでは、
どれか1つのネットワークトポロジーだけを採用することは
なく、複数の形態を組み合わせて使っています。

Chapter

5

ネットワーク
サービスの仕組み

本章では、ネットワークで提供され
ているさまざまなサービスについて
解説します。ウェブやメール、FTP、
DNSなど基本的なものから、クラウ
ドコンピューティングなども紹介し
ます。

Chapter 5

1

HTTPリクエストとHTTPレスポンス

ウェブサービスの仕組み

HTTPリクエストを送り、HTTPレスポンスを返す

ウェブサービスはクライアントがウェブサーバーにデータを要求し、ウェブサーバーが指定されたデータを送るというシンプルなものです。TCP/IPのアプリケーション層に属する**HTTP**（Hypertext Transfer Protocol）を使用します。ウェブサーバーを構築するには、「Apache」（アパッチ）や「IIS」などのウェブサーバーソフトを導入します。クライアントは、ウェブブラウザを使用します。

クライアントからサーバーに要求するデータを**HTTPリクエスト**と呼びます。HTTPリクエストのヘッダには**メソッド**、**URI**、対応しているデータ形式などが含まれています。メソッドとは「何をするか」を表すコマンドで、「GET」の場合はURIで指定したファイルをサーバーがクライアントに送り、「POST」の場合はクライアントからサーバーにデータを送ります。

メソッドが「GET」のHTTPリクエストを受け取ったサーバーは、HTTPリクエストで指定されたデータにヘッダを付け加えた**HTTPレスポンス**をクライアントに送ります。具体的には、送ってもよいデータを保存するフォルダをウェブサーバーソフトで設定しておき、要求があったら、そのフォルダの中から該当するファイルを選んで、ヘッダを付けて送ります。

HTTPリクエストのヘッダに含まれる**URI**は、情報資源（リソース）を特定するための記述方式です。一般的には**URL**と呼ばれていますが、正式にはURIです。URIの仕組みの中の一部としてURLがあります。URIは、「http://www.xxxx.co.jp/directory/index.html」のように記述します。最初の「http」の部分を**スキーム**と呼び、データのやり取りにどのプロトコルを使うかを表します。スキームに続けてサーバーのドメイン名、フォルダ名、ファイル名などを記述し、データを特定します。

108

HTTPのデータの流れ

ウェブサーバーとクライアントのやり取り

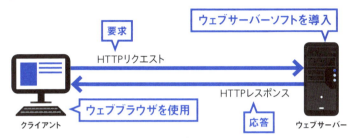

要求と応答を繰り返してデータをやり取りする

HTTPリクエストのヘッダに含まれているもの

●メソッド …「何をするか」を表すコマンド

●URI … 情報を特定するための記述方式

URIの仕組みの一部として**URL**がある

書き方

http://www.xxxx.co.jp/directory/index.html
スキーム　　サーバー名　　フォルダ名　ファイル名

Chapter 5

2

メール送信の仕組み

メールを届ける SMTPサービス

SMTPは相手のサーバーにデータを送る

メールサービスとは、ネットワークを利用してテキストデータやファイルなどの
メールデータをやり取りするネットワークサービスです。企業ネットワーク内だけ
で独自の仕組みを用いて提供するケースもありますが、一般的には、**SMTP**
(Simple Mail Transfer Protocol) と、**POP3** (Post Office Protocol
Version 3) や**IMAP** (Internet Message Access Protocol) を使
うメールサービスを指します。メールサービスを提供するには、SMTPサー
バーと、POP3サーバーやIMAPサーバーが必要です。両方を1台の**メー
ルサーバー**としてまかなうことも可能です。ここでは、SMTPの働きを見てみ
ましょう。

SMTPサーバーの役割は、メールデータを宛先ユーザーのSMTPサー
バーに届けることです。ユーザーは、メールソフトで利用するSMTPサーバー
をあらかじめ設定しておきます。メールを送信すると、まずはその自身が設定
したSMTPサーバーにメールデータが送られます。

データを受け取った送信元のSMTPサーバーは、宛先メールアドレスの
「@」の後ろにある**ドメイン名**を見て、宛先のSMTPサーバーを判断し、
データを送ります。データを受け取った宛先のSMTPサーバーは、宛先メー
ルアドレスの「@」の前の部分（**アカウント名**）を見ます。SMTPサー
バーにはあらかじめアカウント名が登録されており、アカウント名ごとに、メー
ルデータを保管する**「メールボックス」**が用意されています。宛先SMTP
サーバーは宛先メールドレスのアカウント名を見て、該当するメールボックス
にメールデータを保存します。

これで、メールデータが宛先SMTPサーバーに届きました。メールボック
スから宛先ユーザーがメールを受け取るまでは、112ページで解説するPOP3
サーバーやIMAPサーバーが担当します。

110

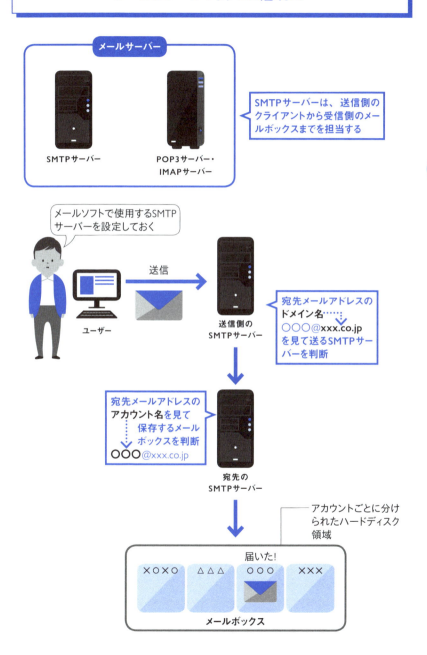

Chapter 5

3

メール受信の仕組み

メールをユーザーが
受け取るためのサービス

認証したユーザーにメールボックスのデータを送る

　メールサービスのうち、届いたメールデータを保存してあるメールボックスからユーザーが受け取るまでの部分は**POP3サーバー**や**IMAPサーバー**が担当します。

　ユーザーが使用するメールソフトにPOP3サーバーを設定していると、メール受信時にそのPOP3サーバーに接続します。メールソフトにIMAPサーバーを設定していると、IMAPサーバーに接続します。POP3サーバー、IMAPサーバーは、ユーザーがメールボックスの正規のユーザーかどうかを確認するために**アカウント名**とパスワードを要求してくるので、それらを入力・送信して認証を受けます。正規のユーザーと認証すると、POP3サーバーは、メールボックスに保存されているメールデータをユーザーのコンピュータに送ります。IMAPサーバーの場合は、ユーザーがサーバーのメールボックスに直接アクセスしてメールを表示します。

　メールサービスを提供するには**SMTPサーバーソフトと、POP3またはIMAPサーバーソフトが必要**となります。UNIX系OSのSMTPサーバーソフトでは**Postfix**がよく使用されます。POP3・IMAPサーバーソフトは、**Dovecot**や**Courier**が主に使われています。

　Windows Serverでは、SMTP、POP3・IMAPの両方の機能に加え、グループウェアとしての機能も持つ**「Exchange Server 2016」**（マイクロソフト社）があります。同社のディレクトリサービスActive Directoryとも連携できるなど、多彩な機能を持っている分、運用・管理にはそれなりのスキルが必要です。そのほかにも、さまざまなメーカーのソフトやフリーソフトも多く出回っています。なお、メールサーバーソフトを選ぶ際はExchange Serverのように**SMTPとPOP3・IMAPの両方の機能を持つソフトと、SMTPのみ、POP3・IMAPのみというソフトがある**ので注意しましょう。

112

メールが相手に届くまで

SMTPサーバーとPOP3サーバーが連携してメールが届く

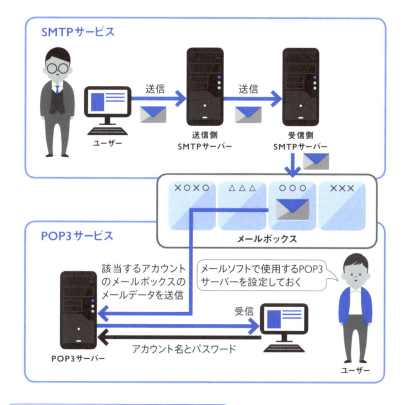

メールサーバーを構築するときの注意

メールサーバーソフトを選ぶときはSMTPとPOP3・IMAPどちらの機能を持つのか（あるいは両方か）注意しよう

Chapter 5 ▶ 3 メールをユーザーが受け取るためのサービス | 113

利用に注意が必要なSMTPサーバー
SMTPサービスを安全に運用するための技術

何の対策もとらないとスパムメールの温床に

　SMTPサーバーを構築する際は、必ずスパムメール対策を導入します。スパムメールは、商品の宣伝やウイルスの配布などの目的で一方的に送りつけられるメールのことで、「迷惑メール」とも呼ばれます。SMTPでのTCP25番ポートには認証機能がないため、スパムメール業者やウイルスに感染したPCがほかのネットワークのSMTPサーバーを勝手に使って、スパムメールを大量送信することがよくあるからです。

　SMTPサーバーのセキュリティ対策としては、**SMTPリレー制御**という方法があります。特定の信頼できるネットワーク内から送信されたメールだけを受け付けるというもので、現在多くの企業やISPが採用しています。

　しかし、社外から使用するネットワークが信頼できない場合には、メール送信を拒否されることがあり不便です。そこで、メール送信時に認証を行う仕組みが登場しました。**SMTP-AUTH（SMTP認証）** はSMTPに認証機能を追加したもので、メール送信時にもアカウント名とパスワードで認証を行います。SMTP-AUTHはサーバー側での導入だけでなく、ユーザー側でもSMTP-AUTH対応メールソフトで設定を行う必要がありますが、主要なメールソフトは、SMTP-AUTHに対応しています。**SASL**（Simple Authentication and Security Layer）という、認証機能を使ったプログラムをSMTPサーバーソフトと組み合わせて導入します。

　クライアントから届くTCP25番ポート宛のパケットをすべてブロックする**OP25B**（Outbound Port 25 Blocking）もあります。しかし、これでは外部のメールサーバーを経由してメールを送ることができなくなります。そこで、認証機能のある**サブミッションポート**を利用して送信した場合には、外部のメールサーバーもブロックしないという運用が行われています。

SMTPサーバーを安全に運用する

SMTPには認証機能がない

SMTPサーバーを構築するならスパムメール対策が必須

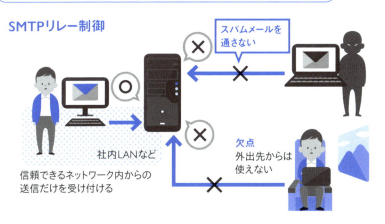

SMTP-AUTH

OP25Bとサブミッションポート

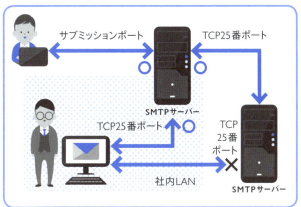

Chapter 5 FTPサーバーの仕組み

ファイルを転送する
FTPサービス

FTPの2つのモード

　FTP（File Transfer Protocol）は、サーバーとクライアント間でデータを効率よく転送するサービスです。ソフトウェアなど大容量のデータを配布するときや、ウェブページ制作者がウェブサーバーにデータをアップロードするときに使われていて、アカウント名とパスワードによる認証機能も備えています。Windows Serverには、標準でFTPサーバーソフトが用意されています。クライアントは、ウェブブラウザや専用のFTPクライアントソフトでFTPサービスを利用します。

　FTPサーバーとクライアント間では、データ本体をやり取りする仮想的な通路と、制御用データ（コマンド）をやり取りする通路の2つが作られます。制御用データをやり取りする通路は、FTPサービスを利用している間ずっとありますが、データ本体をやり取りする通路はデータ送受信を開始するタイミングで作られ、終了時になくなります。

　FTPサービスには、**アクティブモード**と**パッシブモード**があります。アクティブモードでは、クライアントが制御用データ用の通路を使って、データ本体のやり取りに使う通路用のポート番号をサーバーに通知します。そしてサーバー側から、クライアントに対して仮想的な通路を作ります。パッシブモードでは、まずクライアント側がパッシブモードを使うことを要求します。サーバー側はそれに応えて、データ本体のやり取りに使う通路用のポート番号を通知します。そしてクライアント側から、サーバーに対して仮想的な通路を作ります。アクティブモードのように、ネットワークの外のコンピュータ（FTPサーバー）からネットワークの内側のクライアントに対して新規に仮想的な通路を作るのはセキュリティ上危険があるので、多くのネットワークでは制限されており、パッシブモードを利用するのが一般的です。

FTPサーバーとは

FTPの仕組み

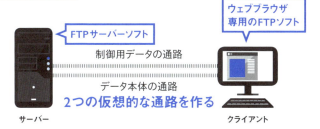

アクティブモードとパッシブモードの違い

●データ本体をやり取りする仮想的な通路を作る手順が異なる

●ネットワークの外からのFTPはパッシブモードのみOK

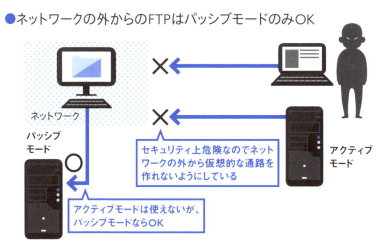

Chapter 5

6

ドメイン名とIPアドレスを対応させる仕組み

インターネットを支える
DNSサービス

インターネットを利用するときにはDNSサービスが必須

DNS（Domain Name System）は、ユーザーが指定したドメイン名とIPアドレスを対応させる仕組みです。インターネットを利用したネットワークを構築する際は、必ずDNSサーバーを用意します。ウェブやメールの利用時もDNSサーバーが必要です。

インターネットのDNSサーバーは、**ルートサーバー**と呼ばれるDNSサーバーを頂点とした階層構造をとっています。各階層のDNSサーバーがどのような役割を担っているのか、クライアントが「www.xxxx.co.jp」というドメイン名のサーバーにアクセスするときの流れを見てみましょう。

クライアントは、**リゾルバ**というソフトを利用して、クライアントのネットワークにあるDNSサーバーにアクセスします。このDNSサーバーを**フルサービスリゾルバ**（DNSキャッシュサーバー）と呼び、クライアントの要求に応えて対応するグローバルIPを調べる役割を持っています。フルサービスリゾルバは、まずルートサーバーにアクセスして「www.xxxx.co.jp」に対応するグローバルIPを要求します。ルートサーバーは、トップレベルドメインを管理するDNSサーバーの情報を持っています。この例ではトップレベルドメインは「jp」なので、ルートサーバーは「jp」を管理するDNSサーバーの場所を教えます。フルサービスリゾルバは、教えてもらったDNSサーバーにアクセスして対応するグローバルIPを要求します。「jp」を管理するDNSサーバーは、「xxxx.co.jp」を管理するDNSサーバーの場所を教えます。フルサービスリゾルバは教えられた「xxxx.co.jp」を管理するDNSサーバーにアクセスします。「xxxx.co.jp」を管理するDNSサーバーは、対応するグローバルIPを教えます。これでグローバルIPがわかったので、クライアントはグローバルIPを使用してデータのやり取りを始めます。

118

ドメイン名をIPアドレスに変換する手順

インターネットでのDNSサーバーの働き

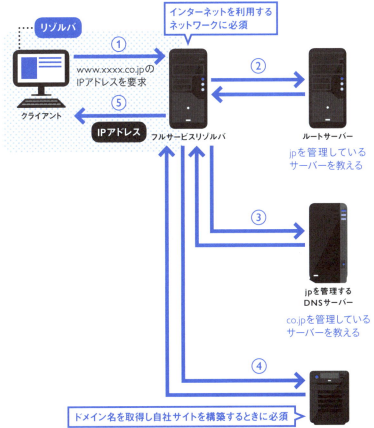

Chapter 5

7

プロキシによるセキュリティとキャッシュの効果

クライアントの「代理」 になるプロキシサービス

ゲートウェイまたはキャッシュサーバーとして使われる

プロキシ（Proxy）サービスは、クライアントの「代理」としてデータをやり取りするネットワークサービスです。**アプリケーション（レベル）ゲートウェイ**（146ページ参照）と、**キャッシュサーバー**の役割があります。

アプリケーションゲートウェイとはネットワークインターフェイス層からアプリケーション層まで、つまりすべてのレイヤを扱うゲートウェイという意味です。ゲートウェイというとNAT、NAPTを思い浮かべますが、**パケットを作り直してデータをやり取りする**ところが違います。

NAT、NAPTではヘッダのIPアドレス情報を変換するだけで、パケット自体はクライアントと相手先のサーバー間でやり取りされます。プロキシの場合、パケットはクライアントとプロキシ間、プロキシと相手のサーバー間、と流れが2つになるので、インターネットの側からはクライアントの情報がわからなくなりセキュリティ効果が上がります。

また、プロキシはOSI参照モデルのすべての階層を扱えるので、例えばHTTPのデータの中身を見て、危険と判断したデータを排除するといった**コンテンツフィルタリング**も行えます。ただし、HTTPS（166ページ参照）を使用する場合はデータの中身を見ることができないためフィルタリングは困難です。

一方、キャッシュサーバーとしての役割とは、代理としてやり取りしたデータをプロキシサーバーが保存しておき、クライアントが同じデータを要求した際に保存したデータを渡してネットワークの負担を軽減することです。プロキシと相手のサーバー間のやり取りを省略しているので、クライアントにデータが早く届くというメリットもあります。ゲートウェイに設置したプロキシサーバーも、キャッシュサーバーとして使用できます。また、インターネットの中の要所要所にもキャッシュサーバーが配置されており、インターネットの負担を軽減しています。

プロキシサーバーの2つの役割

アプリケーションゲートウェイとしてのプロキシ

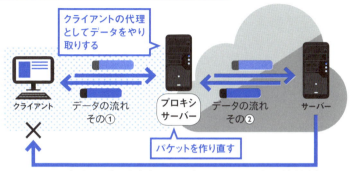

●コンテンツフィルタリングも可能

キャッシュサーバーとしてのプロキシ

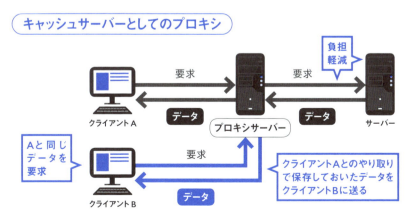

Chapter 5

8

NTPサーバーで時刻を合わせる仕組み

NTPサービスを利用して正確な時刻を取得

上位のNTPサーバーから時刻を取得してネットワーク内に提供

　ネットワーク管理において、使用状況を記録したログの監視や分析は重要な業務です。しかし、ネットワーク内のコンピュータや機器に内蔵されている時計が正確でないと、正しくログをとることができません。そこで、時刻を同期させる**NTP**（Network Time Protocol）サービスを利用します。NTPはTCP/IPのアプリケーション層に属するプロトコルで、トランスポート層に**UDP**を使用します。企業ネットワークでは、NTPサービスを提供するNTPサーバーを構築するのが一般的です。ネットワーク内のコンピュータや機器は、ネットワーク内のNTPサーバーを利用することで時刻が統一されます。

　NTPサービスは階層構造をとっています。最も上位にあるNTPサーバーはGPSなどから正確な時刻を取得し、下位のNTPサーバーに提供しています。ネットワーク内にNTPサーバーを構築した場合、ISPが提供するNTPサーバーなど上位のNTPサーバーから時刻を取得します。しかし、広く一般に公開されているNTPサーバーを上位のサーバーとして利用するのはなるべく避けましょう。公開NTPサーバーにアクセスが集中し、公開NTPサーバーを運営する団体に大きな負担をかけてしまう問題が起きています。また、混み合ったNTPサーバーを使うと時刻を提供する処理に時間がかかり、誤差が発生する可能性が高くなります。

　Windows ServerにはNTPサーバーソフトが標準装備されています。UNIX系OSでは、「ntpd」というサーバーソフトが使われています。ディレクトリサービス「Active Directory」を導入する場合は、NTPサービスでの時刻同期が必須条件です。Active Directoryサービスを提供するサーバーのうち、認証機能を担当するドメインコントローラがNTPサーバーとしての機能を持ち、クライアントはドメインコントローラと時刻を同期します。

122

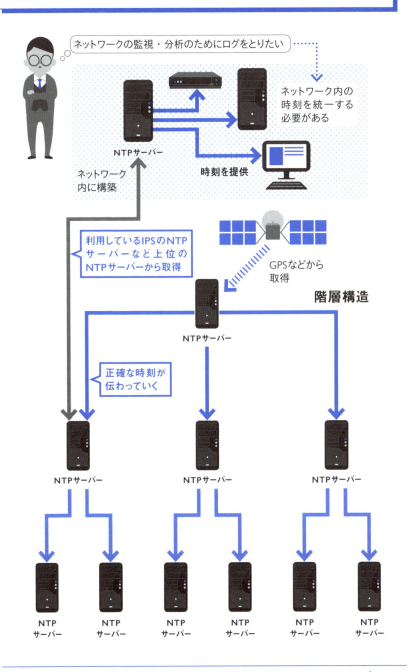

Chapter 5

9

WWWの仕組み

ウェブページを構成する技術

HTMLを基本にさまざまな技術が使われている

ウェブページは、ネットワークでドキュメント（文書）を公開する**WWW**
（World Wide Web）の仕組みに沿って作られています。WWWの特
徴は、ドキュメントとドキュメントを関連付けて呼び出す**ハイパーリンク**で、画
像や動画ファイルを呼び出して、ウェブページ内に組み込むこともできます。

ウェブページの構造、レイアウト情報、ハイパーリンクで呼び出すファイル
情報は、ウェブページ作成ソフトやテキストエディタを使って**HTML**
（HyperText Markup Language）で記述します。2014年に発表
されたHTML5では、＜video＞や＜audio＞などの命令（タグ）を使って
動画や音声をウェブページに簡単に埋め込めるようになりました。HTML5で
記述されたウェブページは、PCだけでなく、スマートフォンやタブレットなど多
くのウェブブラウザでも表示することができます。

ウェブページを構成する技術としては、HTMLのほかにCSS、JavaScript、
XMLなどがあります。**CSS**（Cascading Style Sheets）は、ウェ
ブページのデザイン要素を記述するための仕様です。本来HTMLはウェブ
ページの構造を記述するためのものでしたが、ウェブページの見栄えを指定
するためにも使われるようになりました。そこで、見栄えの方はCSSで、本
来の構造を記述するのはHTMLで記述するように役割を分けることにしたの
です。**JavaScript**は、主にウェブブラウザで動作するプログラミング言語
です。マウスでクリックすると文字や画像が表示されるなど、HTMLやCSS
では実現できない表現を実現する技術として使われてきました。**XML**
（Extensible Markup Language）は、HTMLと同じく文書の構造
などを記述する言語ですが、定義する内容を扱いたい文書に応じて自由に設
定できます。

124

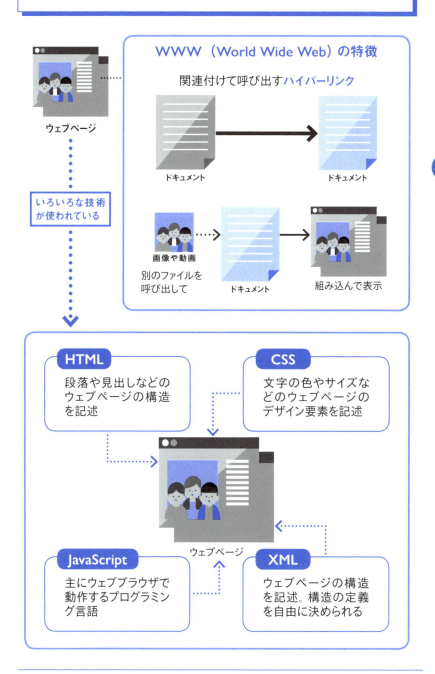

Chapter 5

10

ウェブアプリケーションを実現する仕組み

ウェブアプリケーションとは

ネットワークの先にあるサーバーでプログラムが動作する

　ウェブアプリケーションとは、ネットワークの先にあるサーバーに設置されているアプリケーションのことで、ユーザーはウェブブラウザを通じてアプリケーションを利用します。代表的なものに検索サイトやブログ、SNS、ショッピングサイト、オンラインバンキングなどがあります。

　ウェブアプリケーションを稼働させるには、クライアントとサーバー間のデータのやり取りを担当するための仕組みと、サーバー上でデータの処理などを行うアプリケーションを用意します。クライアントとサーバー間のデータのやり取りには、**HTTP**を使用します（108ページ参照）。

　ウェブアプリケーションはウェブサーバーソフトを経由してクライアントとデータをやり取りしますが、ウェブサーバーソフトとのやり取り部分には**フレームワーク**を利用します。フレームワークは、アプリケーションなどの開発に用いられるツールで、基本的な機能やよく利用される機能を部品として提供します。用意されている部品から必要なものを組み合わせ、用途に応じてカスタマイズするだけで、短期間に質の高いアプリケーションを開発できます。また、ユーザーが操作する画面の表示やデータの処理など、ウェブアプリケーションが稼働する際にもフレームワークの機能が使用されています。

　フレームワークは、使用するプログラミング言語や用途ごとに用意されています。プログラミング言語別ではRuby用の「Ruby on Rails」、PHP用の「CakePHP」、JavaScript用の「AngularJS」などがよく使われています。ウェブデザイン用の「Bootstrap」などがあります。データベースとの連携はRuby on Railsで開発し、ウェブアプリケーションの見た目はBootstrapで作成するなど、目的に合わせて複数のウェブフレームワークを組み合わせて使用することも可能です。

ウェブアプリケーションを実現するフレームワーク

普通のアプリケーションとウェブアプリケーションの違い

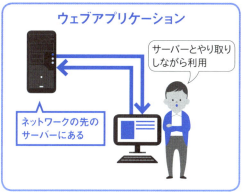

ウェブアプリケーションはウェブサーバーソフトを経由して稼働する

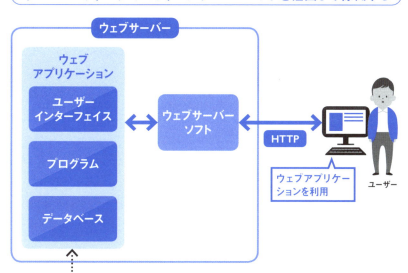

- ウェブサーバーソフトとは別にデータを処理するアプリケーションを用意する
- フレームワークで開発できる

Chapter 5

11

ウェブページを自動生成する

CMSでサイトを管理

ウェブページを作成するスキルがなくても更新できる

CMS（Contents Management System：コンテンツ管理システム）とは、ウェブページを構成する文章や画像、デザイン要素などをデータベースで一元管理し、ウェブページを自動生成するウェブアプリケーションです。データベースの入力は、ウェブブラウザで行うのが一般的です。

CMSを導入するメリットは、**誰でもウェブサイトの更新が簡単に行える**ことです。ウェブページを作成するにはHTMLやCSSなどの知識が必要となるので、ちょっとした文章の訂正や追加にもスキルを持ったウェブデザイナーが担当しなければなりません。しかし、CMSを導入した場合、ウェブサイトを新規に構築する際はデザイナーが担当しますが、構成やデザインが決まれば、その後の更新はスキルを持たない社員でもできます。また、ウェブサイト内のほかのページへのリンクや「バックナンバー」のように、ほかのページを更新することで変更しなければならない部分も自動生成されるので、作業量が軽減されるというメリットもあります。

ブログもCMSの一種といえます。ウェブブラウザに表示された入力フォームに文章を入力して画像を指定するだけで、入力内容を反映したウェブページが自動生成されます。日付別、カテゴリ別のバックナンバーも自動生成されます。CMSを導入した企業サイトと見た目や機能は違いますが、データベースでコンテンツを一元管理して自動生成するという基本は同じです。

CMSを導入するには、CMSプログラムとプログラムを処理するソフトウェア、データベースなどが必要です。CMSプログラムでは企業サイト用のものを利用できるほか、ソフトウェアでは無償の「WordPress」や「Drupal」などを利用できます。データベースとしては、無償の「MySQL」や「MariaDB」などを利用します。また、CMSを提供するSaaS（138ページ参照）も多数あります。

128

CMSを使うメリット

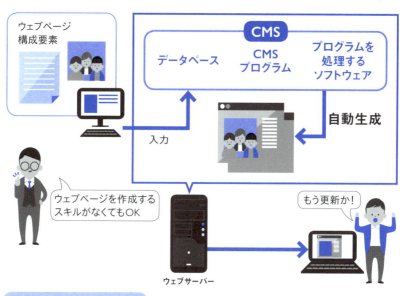

CMSを導入すると……

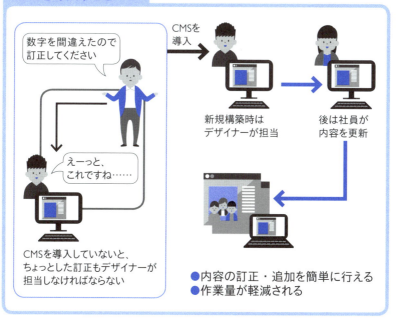

- 内容の訂正・追加を簡単に行える
- 作業量が軽減される

Chapter 5

12

ディレクトリ型検索とロボット型検索

検索サイトの仕組み

> **ロボット、インデクサ、クエリサーバーで構成されている**

　検索サイトは、ウェブページの内容とURLを整理したデータベースから、キーワードを用いて情報を引き出すネットワークサービスを提供しています。情報の収集、整理方法によって、ディレクトリ型とロボット型の2種類があります。**ディレクトリ型**は人間が情報を収集し、階層構造を持つディレクトリにグループ分けしてデータベースに登録します。**ロボット型**は「ロボット」と呼ばれるプログラムが情報を収集します。ロボットは機能に応じて、**「スパイダー」**、**「クローラー」**と呼び分けることもあります。以前は「Yahoo!」などがディレクトリ型で運営していました。しかし、インターネットが普及すると共に爆発的にウェブページが増え、人間では情報を収集しきれなくなったため、現在は「Google」をはじめ検索サイトのほとんどがロボット型を採用しています。

　現在主流となっているロボット型検索サービスは、大きく分けて情報を収集する**ロボット**、情報を整理してデータベースに保存する**インデクサ**、ユーザーから送られてきたキーワードに対応する結果を返す**クエリサーバー**の3つで構成されています。ロボットはインターネットで公開されている数多くのウェブサーバーにアクセスし、公開しているデータを入手します。また、Googleをはじめとした検索サイトは「ロボットに来て欲しい」という申請を受け付けています。さらに、ロボットは申請があったウェブサーバーにアクセスするだけでなく、収集したウェブページのデータ内にある「リンク」をたどり、その先のウェブページまで巡回します。インデクサは、ロボットが収集した情報を解析して**インデックス**を作ります。インデックスとは、本書にもある「索引」を意味し、「この言葉はこのウェブページのここにある」という情報をデータベースに保存します。クエリサーバーは、ユーザーから送られてきた検索キーワード（クエリ）を受け取り、データベースからキーワードに対する結果を引き出し、ユーザーに送り返す役割を持っています。

130

2種類の検索エンジンの仕組み

ディレクトリ型

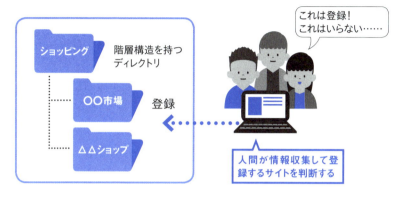

ロボット型 … 現在の主流

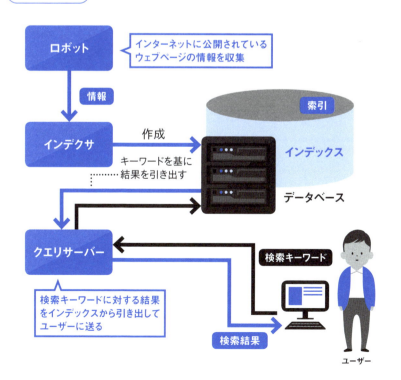

Chapter 5

13

動画配信の3つの方法

ネットワークで動画を配信する

「YouTube」「ニコニコ動画」はプログレッシブダウンロード

　ネットワークで動画を配信する方法は、ダウンロード、プログレッシブダウンロード、ストリーミングの3つがあります。**ダウンロード**は、ソフトウェアのデータをダウンロードするのと同じ感覚で、動画ファイルをサーバーからクライアントにダウンロードします。ユーザーは、ダウンロード後に保存した動画ファイルを再生します。**プログレッシブダウンロード**とは、動画ファイルをダウンロードしながら、再生するというものです。**ストリーミング**はダウンロードしながら再生しつつ、再生した分のデータを破棄していきます。プログレッシブダウンロードは、**疑似ストリーミング**とも呼ばれますが、ストリーミングの場合、再生した動画データは再生した順に破棄されていくのでクライアントに残らないのに対し、プログレッシブダウンロードの場合は動画ファイルとして残る点が異なります。

　また、ストリーミングでの動画配信には、専用のストリーミングサーバーソフトを導入した**ストリーミングサーバー**が必要です。動画データの転送にも、専用のプロトコルを使用します。プログレッシブダウンロードはストリーミングサーバーソフトは必要なく、データの転送はHTTPを使用します。

　配信される動画の形式としてはさまざまなブラウザで再生できる「MP4」、Windows10で使用されている「MKV」、Googleが開発している「WebM」などがあります。「YouTube」や「ニコニコ動画」は、プログレッシブダウンロードを採用しており、両者ともユーザーがアップロードした動画をMP4やWebMなどの形式に変換（エンコード）して公開しています。

　動画配信を利用するクライアントは、動画の形式に応じた再生ソフトが必要です。再生ソフトを起動して視聴する方法と、ウェブブラウザにプラグインの再生ソフトを組み込み、ウェブページの一部として動画を再生する**エンベッド**という方法があります。

いろいろある動画の配信方法

ダウンロード

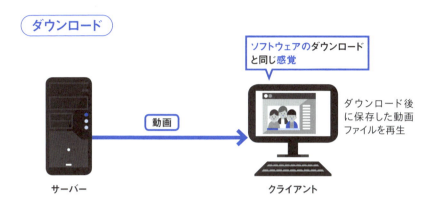

プログレッシブダウンロード

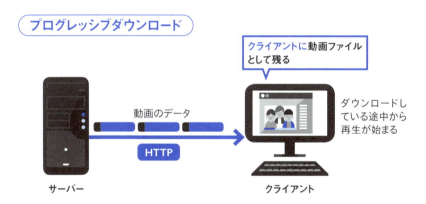

ストリーミング

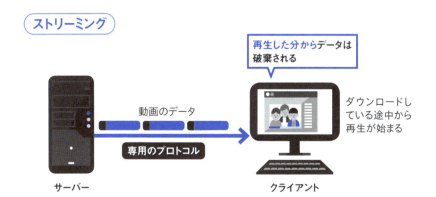

コメントとシェア機能

ブログの仕組み

コメントとトラックバックの機能を備えたCMS

　ブログ（ウェブログ、Blog）は、データベースで文章や画像などのコンテンツを一元管理し、ウェブページを自動生成するウェブアプリケーションです。CMSの一種といえますが、「コメント」という機能を備えています。コメントは、各記事に対して閲覧した人が文章を投稿する機能です。ブログが誕生する以前にもサイト全体に対するコメント投稿コーナーを設けることはありましたが、各記事に対してはコメントが付けられませんでした。ブログでは、記事でとりあげているテーマに絞ってコメントを付けることができるので、投稿しやすいというメリットがあります。

　以前は、リンク元のブログにリンクしたことを通知するトラックバックという機能がよく使用されていました。しかし、記事とは関係のない広告目的の迷惑トラックバックが多発し、あまり利用されなくなっています。代わりに登場したのが、TwitterやFacebookなどのSNS（ソーシャルネットワークサービス）へのシェア機能です。記事にシェアボタンを設置すると、そのボタンをクリックした人が利用しているSNSでその記事が共有される仕組みです。ブログの読者が利用しているSNSでフォロワーに記事を紹介してもらえるため、より多くの人に記事を読んでもらえる可能性が広がります。

　個人用途では、ブログサービス業者が提供するサービスを利用するのが一般的です。主なサービスに「アメーバブログ」や「ライブドアブログ」、「はてなブログ」などがあります。自社サーバーにブログを開設する場合は、CMSと同様にプログラムと、プログラムを処理するソフトウェア、データベースなどが必要です。無償で配布されているプログラムとしては、CMSとしても利用されている「Movable Type」、「WordPress」などがあります。

ブログとは

ブログ …「コメント」機能を備えたCMS

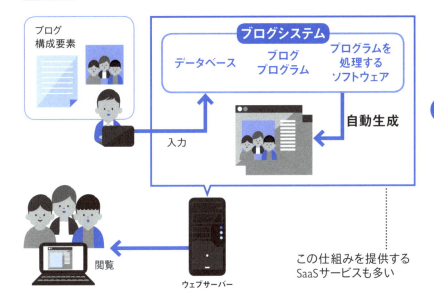

コメント機能とシェア機能

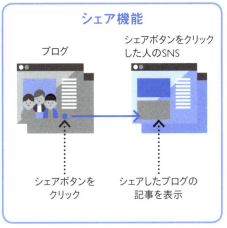

Chapter 5

15

高速インターネット回線で普及

クラウドコンピューティングとは

コストや手間が軽減する

　クラウドコンピューティングとは、これまで手元のコンピュータで行っていた処理をインターネットにあるサーバーが担当し、クライアントはサーバーが提供するサービスを必要なときに必要なだけ利用するという形態です。クラウドコンピューティングの「クラウド」は、「雲」（cloud）という意味です。本書でもそうですが、インターネットを表す図として雲形の図形を用います。その「雲」（＝インターネット）からサービスがやってくるイメージです。クラウドコンピューティングが急速に普及した背景には、高速なインターネット回線が安価になったことがあります。なお、従来からあるように手元のコンピュータにシステムを導入して利用することを**オンプレミス**と呼びます。

　例えば、ワープロソフトを使って文書を作成する場合、クラウドコンピューティングでは、インターネットのサーバー上で動いているワープロソフトをクライアントから使用します。文書のデータもインターネットのサーバーに保存するので、クライアントが故障したり紛失しても被害が少なくて済みます。また、企業ネットワークではコンピュータごとにソフトウェアのインストールや更新作業などを行う必要がなく、コストと手間が省けるメリットもあります。ただし、クラウドコンピューティングのサービスが停止し、必要なときに利用できないこともあります。さらに、サーバーがハッキングされるなどしてデータが流出する危険性もゼロではありません。

　利用可能なクラウドコンピューティングには、2つの種類があります。**パブリッククラウド**では、ハードウェアやソフトウェア、回線などをすべてのユーザーで共有します。さまざまな企業や個人がすぐに利用することができ、比較的低コストです。**プライベートクラウド**は、ハードウェアやソフトウェアなどを単独で占有できるクラウド環境です。カスタマイズ性やより高いセキュリティが求められる企業に利用されています。

よく使われているクラウドコンピューティング

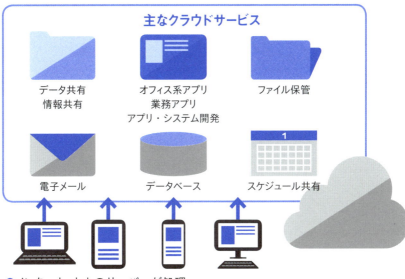

主なクラウドサービス

- データ共有 情報共有
- オフィス系アプリ 業務アプリ アプリ・システム開発
- ファイル保管
- 電子メール
- データベース
- スケジュール共有

- インターネット上のサーバーが処理
- ユーザーはクライアントから利用

メリット
- インターネットに接続していればいつでもどこでも利用できる
- クライアントの故障やトラブル時にデータを失わない
- システム構築が容易で、低コストになる
- システムの運用・管理の手間とコストも省ける

デメリット
- インターネットへの接続が必須
- データの流出の危険がゼロではない
- 予定外のサービス停止で業務がストップすることもある

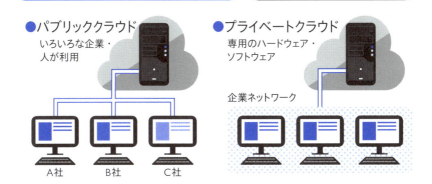

- ●パブリッククラウド
  いろいろな企業・人が利用
  A社　B社　C社

- ●プライベートクラウド
  専用のハードウェア・ソフトウェア
  企業ネットワーク

Chapter 5 ▶ 15　クラウドコンピューティングとは

Chapter 5

16

3つのクラウドコンピューティング

用途に合わせて選ぶクラウドコンピューティングの種類

利用範囲に応じて選択できる

　クラウドコンピューティングは、SaaS、PaaS、IaaSの3つに分類できます。一般の人にも身近なのは**SaaS**（Software as a Service）でしょう。従来は個々のコンピュータにインストールして使用していたソフトウェアを、インターネット経由ですぐに利用できるサービスです。代表的なサービスにオフィス系のアプリケーションや電子メールなどがあります。社内のPCだけでなく、社外のタブレットやスマートフォンなどからもアクセスでき、データの共有も容易なのが一般的です。

　PaaS（Platform as a Service）では、アプリケーション開発および実行のプラットホームが提供されます。ハードウェアやOS、データベース、プログラム開発までの環境が整っているので、さまざまな開発ツールを個別のコンピュータにインストールせずに、必要な分だけすぐに使用できます。さらに、そのままサービスを公開することもできるので、アプリケーション開発のスピードアップも期待できます。

　IaaS（Infrastructure as a Service）は、サーバーのハードウェアやネットワーク環境などのインフラをインターネット経由で提供する形態で、ユーザーが自由にシステムを構築することができます。PaaSでは使用したいアプリケーション開発ツールが提供されていない場合、IaaSを利用します。CPUやOS、メモリ構成なども選択でき、アクセス数の増減など必要に応じてサーバーを容易に増強できますから、ホスティングサービスより柔軟な運用が可能です。

　自由度が高い一方で、ハードウェアやOSなどの知識が必要です。クラウドコンピューティングは、使用した分だけ料金を支払うサービスが主流です。必要なサービスを見極めて活用するようにしましょう。

138

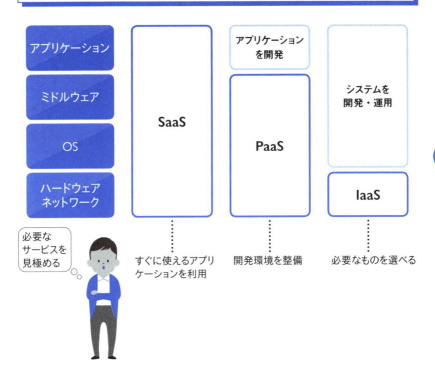

● 各サービスのメリットとデメリット

種類	メリット	デメリット
SaaS	● 必要なサービス（アプリケーション）を選んですぐに使える	● カスタマイズには制限がある
PaaS	● プログラムの開発・実行環境が整っている ● 開発したアプリケーションの運用も可能	● 開発に必要なツールが提供されていないこともある
IaaS	● 構成を自由に決めることができる ● 必要に応じてスケールを変えられる	● OSやハードウェアの知識が必要 ● セキュリティ対策やOSのアップデートも行う必要がある

Chapter 5 ▶ 16　用途に合わせて選ぶクラウドコンピューティングの種類　139

Column

固定電話のIP化

IP電話は、IPを利用した音声通話サービスです。従来から
ある電話（固定電話）では、アナログの音声信号を最寄りの
収容局に送り、音声をデジタル化した信号を交換機から電話
網を通じて通話相手の交換機に送って、アナログ信号に戻し
て相手の電話機に届けています。一方IP電話では、音声を
VoIPゲートウェイでデジタル化し、パケットとしてインター
ネット（IP網）に送り出します。ルーターはそのパケットの
宛先を見て通話相手のVoIPゲートウェイまで届け、パケッ
トからアナログ信号を取り出す仕組みです。

IP電話は、IP網を使用するのでコストが低く、通話料も安
くなるのが特徴ですが、通信環境によってはパケットの遅延
が起きるなどして通話品質が低下することがあります。そこ
で、通話品質によって2種類に分けられます。1つは、従来
の固定電話と同じ通話品質を持ち、03-XXXX-XXXXといっ
た電話番号が割り振られている「0AB-J IP電話」です。一方、
通話品質が従来の電話より劣る場合は、050で始まる電話番
号が割り振られ、「050 IP電話」と呼ばれます。FTTHでイン
ターネットに接続している場合は、0AB-J IP電話を利用でき
ます。

なお、NTTは2024年に従来の電話網による固定電話サー
ビスから、IP網を使用する次世代固定電話サービスへの移行
を予定しています。電話はIP電話に代わり、固定電話同士の
通話料は全国一律8.5円へと変更される見込みです。

Chapter

6

ネットワーク
セキュリティを
強固にする

本章では、ネットワークを安全に使
うために必須となるネットワークセ
キュリティについて解説します。
サーバーへの攻撃やウイルスなど、
外からの脅威はもちろん、内部から
の情報漏洩にも気を付けましょう。

Chapter 6

1

いろいろあるネットワーク内外の危険

ネットワークを利用するなら
セキュリティは必須

インターネットからの危険、ネットワーク内部からの危険がある

　企業ネットワークには、さまざまな危険が存在します。例えば次のようなセキュリティの危険が生まれます。

● 機密データを盗まれる

　企業ネットワークにクラッカー（悪意のあるハッカー）が侵入し、企業ネットワーク内の機密データを盗まれる危険性があります。

●「踏み台」にされる

　クラッカーはあるネットワークに侵入し、そこからさらにほかのネットワークを攻撃します。このとき、最初に侵入されたネットワークを「踏み台」と呼びます。「踏み台」にされたネットワークから攻撃されているように見えるので、本来は被害者なのに加害者にされてしまうこともあります。

●ウイルス

　ウェブページやメールのデータにまぎれて、ウイルスがネットワーク内に侵入すると多大な被害を及ぼします。最近では、USBメモリなどの記録媒体で持ち込まれるケースも増えており、注意が必要です。

● 内部からの情報漏洩

　ネットワーク内のユーザーが機密データを持ち出すケースがあります。

● 不適切なネット利用によるトラブル

　社員が就業中、企業ネットワークを使用してインターネットの掲示板に不適切な書き込みを行うなどのトラブルも起きています。

　このように、セキュリティの危険にはインターネットからやってくる危険と、ネットワークの中から起きる危険があります。規模の大小に関わらず、ネットワークを構築するなら必ずセキュリティ対策を講じましょう。

142

ネットワーク内外に存在する危険

ネットワークの外からやってくる危険

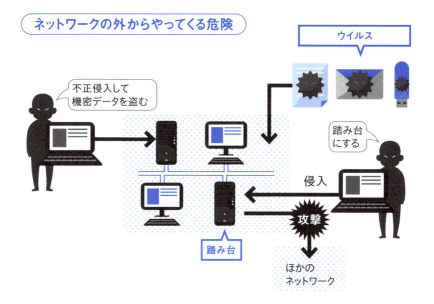

ネットワークの中から起きる危険

Chapter 6

2

セキュリティ対策の基本となるファイアウォール

ファイアウォールを構築して不正侵入を防ぐ

ゲートウェイを通るデータをチェックして安全なデータだけを通す

　LANとインターネットを行き来するデータは、必ず**ゲートウェイ**を通ります（84ページ参照）。そこで、ゲートウェイに危険なデータかどうかを判断する機能を持たせ、行き来するデータをチェックして安全と判断したデータだけを通します。この仕組みを**ファイアウォール**と呼びます。ファイアウォールは、ネットワークのセキュリティ対策の基本です。企業ネットワークを構築する際は、必ずファイアウォールを導入します。

　ゲートウェイとして使用しているサーバーにファイアウォールソフトを導入すると、サーバーはファイアウォールとして機能します。ファイアウォールとして使用することを目的として設計された**アプライアンス**も多く出回っています。ファイアウォールソフトの設定を間違えるとセキュリティの危険性が高まりますが、アプライアンスであれば簡単に設定できます。また、ゲートウェイの部分でミスが起きるので、「インターネットに接続できない」といったトラブルの元にもなります。管理、運用の面で不安がある場合は、アプライアンスも選択肢の1つとして考えられます。

　ゲートウェイとして使用するルーターにも、ファイアウォールとしての機能が組み込まれているのが一般的です。ネットワーク接続のために用意した機器をファイアウォールとしても流用できるので、コストがかからないのがメリットです。設定も専用のファイアウォールより簡単です。ただし、細かい設定ができないので、機能は専用のファイアウォールよりも劣ります。小規模のネットワークで、ネットワーク内にウェブサーバーなどインターネットに公開しているサーバーが存在しない場合には、ルーターのファイアウォール機能だけで済ませるケースもあります。しかし、企業ネットワークの場合は、セキュリティを考えて専用のファイアウォールを構築した方がよいでしょう。

144

ネットワーク構築にファイアウォールは必須

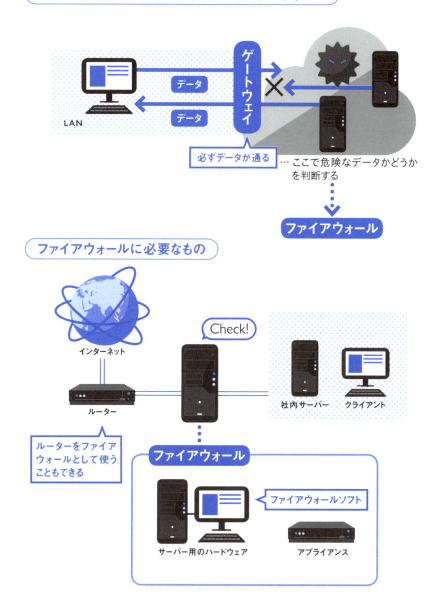

Chapter 6 ▶ 2　ファイアウォールを構築して不正侵入を防ぐ

Chapter 6 ▼ 3

レイヤ別ファイアウォールの働き

ファイアウォールの種類

> TCP/IPのどのレイヤまで扱えるかで3種類に分けられる

　ファイアウォールは、TCP/IPのどのレイヤまでを扱えるかによって3種類に分けられます。

　アプリケーションレベルゲートウェイは、プロキシサーバーにファイアウォールとしての機能を持たせたものです。**TCP/IPのすべてのレイヤを扱える**ので、ゲートウェイを通過するデータの中身までをチェックして判断できます。3種類の中では、最もセキュリティ効果が高い方式です。

　サーキットレベルゲートウェイもプロキシサーバーにファイアウォールとしての機能を持たせたものですが、**TCP/IPのトランスポート層までを扱います**。TCPが担当するデータのやり取りの手順を監視して、通してよいデータかどうかを判断します。アプリケーションレベルゲートウェイ（プロキシ）のように扱いたいアプリケーション層プロトコルに、個々に対応する必要がないため**汎用プロキシ**とも呼びます。

　パケットフィルタリングは、**TCP/IPのインターネット層までを扱います**。IPが作ったデータグラムのヘッダを見て、IPアドレスやポート番号などの情報を元に、通してよいデータかどうかを判断します。ルーターなどのネットワーク機器で行うのが一般的です。また、OSI参照モデルのトランスポート層で行われるデータのやり取りの手順を記録し、通してよいデータかどうかを判断する**ステートフルパケットインスペクション**も普及しています。

　この3方式のうち、よく使われているのがアプリケーションレベルゲートウェイとパケットフィルタリングです。この2つを併用するケースもあります。サーキットレベルゲートウェイは、実際のネットワークではあまり使われていません。

3種類のファイアウォール

TCP/IPのどのレベルまで扱うか

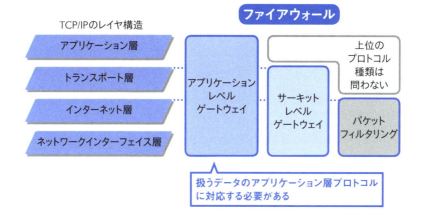

よく使われるのは2種類

Chapter 6
4

サーバーを公開するときに必須

DMZを構築する

> インターネットに公開するサーバーを設置するときに必要

　ファイアウォールでは通常、インターネットからネットワーク内部のコンピュータに対して接続を試みるデータは、危険と判断して遮断する設定を行います。しかし、ウェブサーバーなどインターネットからの接続を受け付けるサーバーを社内に構築する場合、遮断できません。かといって、インターネットからの接続をすべて許可すると、クライアントや社内サーバーに対して接続を試みる不正なデータの侵入も許してしまいます。そこで、インターネットからの接続を受け付けるサーバーと、受け付ける必要のないコンピュータを別々のネットワークに分けます。インターネットからの接続を受け付けるネットワークを**DMZ**（DeMilitarized Zone）と呼びます。DMZ内のサーバーに不正侵入されたとしても、DMZとクライアントが属する内部ネットワークとはファイアウォールで隔てられているので、被害をDMZ内で食い止めることができます。

　DMZにはウェブサーバー、メールサーバー、DNSサーバーなど、**インターネットからの接続を受け付ける必要があるサーバーだけを設置します**。ウェブサーバーとデータベースサーバーを連携させてウェブアプリケーションを稼働する場合、データベースサーバーはDMZではなく内部のネットワークに設置します。そして、ファイアウォールで、ウェブサーバーから内部のデータベースサーバーへの接続だけをピンポイントで許可するよう設定します。

　DMZを作るには、3つのネットワークインターフェイスを備えるハードウェアをファイアウォールとして使用し、インターネットからDMZ内のサーバーに接続するデータはDMZに送り、それ以外のデータは危険なデータとして遮断するよう設定します。ファイアウォールを2つ配置し、ファイアウォールとファイアウォールの間にDMZを設ける方法もあります。

DMZの使い方

DMZの仕組み

DMZの構成

一般的なDMZの構成

2つのファイアウォールの間にDMZを入れる

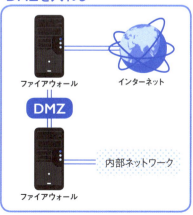

データの動きを監視して危険を察知する

IDSとIPSの仕組み

> 疑わしいふるまいをするデータを検知して攻撃を未然に防ぐ

　ウェブサーバーに対して、あるデータを送るよう要求するHTTPリクエストが届くとします。データの内容には、まったく問題はありません。そのため、ファイアウォールは安全なデータとして通します。しかし、HTTPリクエストが短時間に大量に送られてきたとしたらどうでしょうか。ウェブサーバーは処理しきれず、停止してしまいます。これはサーバーを攻撃する手口として、よく知られているものです（DDoS攻撃といいます）。

　DDoS攻撃のように、データそのものには不審な点がなくても、ネットワークに被害を与える攻撃方法が多数存在します。データをチェックして、安全かどうかを判断するファイアウォールだけでは防げません。そこで、データの動きを監視して危険と思われるデータを発見する**IDS**（Intrusion Detection System：侵入検知システム）や**IPS**（Intrusion Protection System：侵入防御システム）を導入します。IDSとIPSの違いは、危険と思われるデータを検知した後の動作です。IDSは、検知したらネットワーク管理者にメールなどで通知します。IDS自体がデータを遮断したり、対策をとることはありません。IPSは通知するだけでなく、データの遮断などの対策も自動的に行います。

　IDS、IPSが危険と思われるデータかどうかを判断する方法は大きく分けて2つあります。1つは、よくある攻撃手口を登録しておき、同じふるまいをするデータを検知する方法です。もう1つは、「HTTPリクエストは通常これくらいやってくる」などと「普通の状態」の範囲を登録しておき、それを超えたら異常だと判断する方法です。

　また、IDSはネットワークに流れるデータを監視する**ネットワーク型IDS**（NIDS）と、サーバーに導入してサーバーが受け取るデータやサーバーOSの通信ログなどを監視する**ホスト型IDS**（HIDS）に分かれています。ネットワーク型IDSを導入する場合は、アプライアンスを利用するのが一般的です。

IDSとIPSの特徴

ファイアウォールとの違い

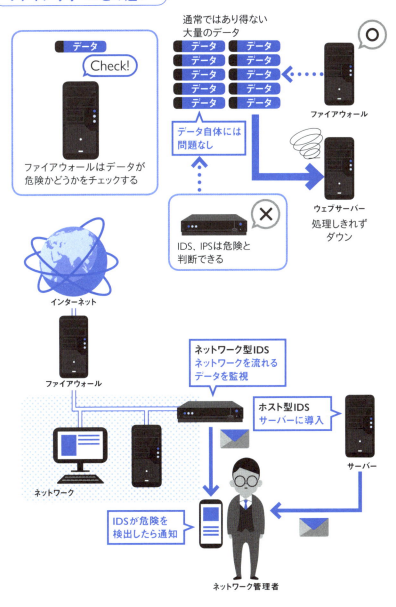

Chapter 6 ▶ 5 IDSとIPSの仕組み

巧妙になるウイルスの被害

ウイルスとは

> 被害に遭っている自覚症状がないものがほとんど

　ウイルスとは、悪意のあるプログラムのことです。厳密にいうと**「ほかのファイルにとりつく」**、**「自己増殖する」**、**「自動的に実行される」**という特徴を持ちます。代表的な種類としてはワーム、トロイの木馬、マクロウイルス、ボットなどがあります。**ワーム**は、ほかのファイルにとりつくことはなく、単独のファイルとして存在し自己増殖するプログラムです。**トロイの木馬**は、一見便利なプログラムと見せかけて、実は悪さをするプログラムです。**マクロウイルス**は、「Word」や「Excel」などのマクロ機能を悪用するウイルスです。**ボット**は、コンピュータを乗っ取るウイルスです。複数のボットが連携すると**ボットネット**になります。このように不正なソフトウェアを総称して**マルウェア**とも呼びます。

　ウイルスがもたらす被害はさまざまです。例えば、保存されているデータを破壊するもの、パスワードなどの情報を盗むもの、コンピュータを乗っ取りほかのサーバーに攻撃を仕掛けるもの、複製したウイルスを大量にネットワークに送り出しネットワーク機能を麻痺させるもの、コンピュータに保存されているデータをファイル交換ソフトに流すもの、コンピュータ内のファイルを暗号化しそのファイルを復元するために金銭を要求するものなどがあります。

　最近のウイルスはユーザーに気付かれないようにして、被害を大きくしようとします。コンピュータの性能やネットワーク環境が向上したため、ウイルスがひそかに動作していても「ネットが遅くなった」「パソコンの反応がにぶい」といった症状が出づらく、ユーザーは気付きません。ウイルスがやってくる経路もさまざまで、ネットワークに接続しているだけで被害に遭う危険性があります。「メールの添付ファイルに気を付ける」といった従来の対処法では防げません。ネットワークを構築する際は、154ページで解説するように**必ずウイルス対策ソフトを導入**しましょう。

昔のウイルスと今のウイルスの違い

ウイルスとは

ウイルス … 悪意のあるプログラム

厳密には
- ほかのファイルにとりつく
- 自己増殖する
- 自動的に実行される

ウイルスの変遷

以前のウイルス

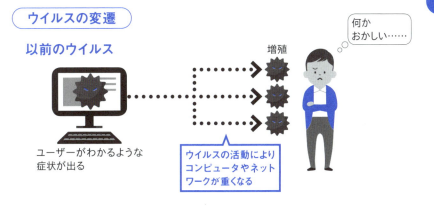

ユーザーがわかるような症状が出る

増殖

ウイルスの活動によりコンピュータやネットワークが重くなる

何かおかしい……

現在のウイルス

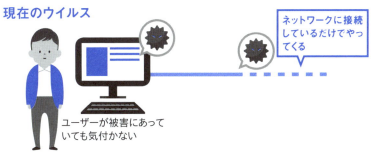

ユーザーが被害にあっていても気付かない

ネットワークに接続しているだけでやってくる

ウイルス対策ソフトの導入は必須！

Chapter 6

7

3種類あるウイルス対策ソフト

ウイルス対策ソフトを導入する

導入する場所はゲートウェイ、サーバー、クライアント

ウイルス対策ソフトは、ネットワークのどこに設置するかによってゲートウェイ型、サーバー型、クライアント型の3種類があります。

ゲートウェイ型は、ゲートウェイでウイルスをチェックします。ウイルスがネットワーク内のコンピュータに到達する前に、出入口でシャットアウトできます。

サーバー型は、メールサーバーやファイルサーバーなど、ウイルスが入りこむ可能性の高いサーバーでウイルスをチェックします。クライアントにデータがダウンロードされる前にウイルスの有無をチェックできます。ただし、サーバー型はウイルス対策ソフトを導入したサーバーで扱っているデータしかチェックしていないことに注意しましょう。メールサーバーに導入した場合、メールサーバーでは扱っていないウェブページなどのデータはチェックされません。

クライアント型は、各クライアントにウイルス対策ソフトを導入して、ウイルスをチェックします。USBメモリなどの記録媒体で持ち込まれたウイルスもチェックできるのが大きな強みです。記録媒体で持ち込まれるデータは、ゲートウェイやサーバーを経由しないので、ゲートウェイ型やサーバー型ではチェックできません。一方、クライアント型の問題は、ウイルス対策ソフトの管理を各ユーザーに任せてしまうことです。更新を怠ったり、「うっとうしいから」などとオフにしてしまうユーザーもいるかもしれません。企業向けに、ネットワーク管理者が各クライアントのウイルス対策ソフトを集中管理できる製品が用意されているので、安全性を考えたらそちらを選んだ方がよいでしょう。

理想はゲートウェイ型、サーバー型、クライアント型を併用することです。ただし、コスト面での負担が大きいので、まずはクライアント型、余裕があればサーバー型、ゲートウェイ型を導入しましょう。

154

| ゲートウェイ型、サーバー型、クライアント型 |

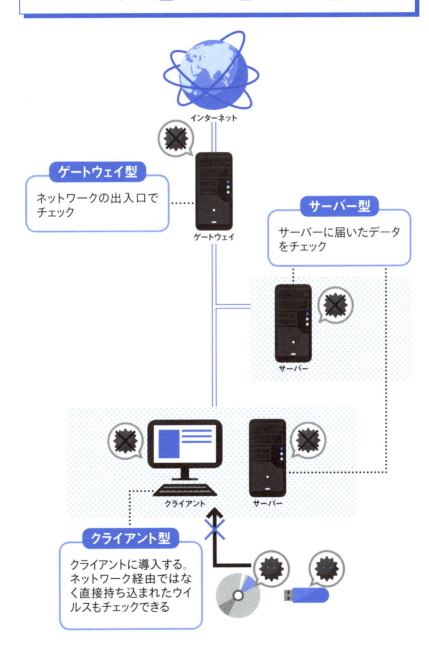

Chapter 6
8

不適切なデータを遮断する

コンテンツフィルタリングとは

> ネットワークでやり取りされるデータは基本的にすべてチェック可能

　アプリケーションレベルゲートウェイはOSI参照モデルのすべてのレイヤを扱えるので、データの中身を見て不適切なデータを遮断できます。これを**コンテンツフィルタリング**と呼びます。

　コンテンツフィルタリングは、**ネットワークを通ったデータは基本的に何でもチェックできます**。送受信するメールの内容、閲覧したウェブページのURLや内容など、社内のクライアントからインターネットの掲示板やブログに投稿した内容などもすべてチェックできます。暗号化技術を使えばデータの中身はわかりませんが、暗号化技術を使用していることはわかります。

　企業ネットワークでよく使われているのが、ウェブページのコンテンツフィルタリングです。コンテンツフィルタリングソフトには、成人向けアダルトサイトなどの業務上不必要と思われるウェブサイトが、カテゴリ別にデータベース化されています。社内のクライアントが、データベースに登録されているウェブサイトにアクセスしようとしたら遮断します。さらに、クライアントをグループ分けし、遮断するウェブサイトを変更できます。また、ウェブページの内容や検索サイトに送られる検索キーワードをチェックし、あらかじめ登録してあるNGキーワードが含まれていたら遮断します。コンテンツフィルタリングソフトには各クライアントのネット使用状況をチェックする機能もあり、極端にウェブサイト閲覧時間が長いクライアントもわかります。

　コンテンツフィルタリングを導入する際は、何を不適切とするかを**セキュリティポリシー**に沿って定めます。そして、社員全体にコンテンツフィルタリングを行うこと、どのようなものをチェックしているのかなどを伝えます。こっそりインターネットの使用状況を監視するのがコンテンツフィルタリングの目的ではありません。社員に伝えることで、不適切なインターネットの使用を抑制する効果もあります。

コンテンツフィルタリングの仕組み

アプリケーションゲートウェイでコンテンツをフィルタリング

OSI参照モデルのすべてのレイヤを扱える

- メールの内容
- ウェブページの内容
- 掲示板などに投稿した内容
- 検索キーワード
- URL

アプリケーションレベルゲートウェイ：データの中身をチェックして不適切なデータを遮断

フィルタリングの対象

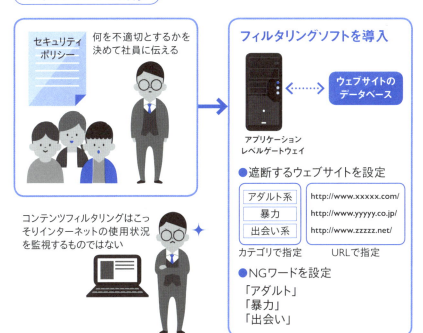

- セキュリティポリシー：何を不適切とするかを決めて社員に伝える
- コンテンツフィルタリングはこっそりインターネットの使用状況を監視するものではない

フィルタリングソフトを導入

アプリケーションレベルゲートウェイ ⇔ ウェブサイトのデータベース

● 遮断するウェブサイトを設定

カテゴリで指定	URLで指定
アダルト系	http://www.xxxxx.com/
暴力	http://www.yyyyy.co.jp/
出会い系	http://www.zzzzz.net/

● NGワードを設定
「アダルト」
「暴力」
「出会い」

Chapter 6

9

いろいろある情報漏洩対策

ユーザーからの 情報漏洩を防ぐ

意図的な情報漏洩と「うっかり」の情報漏洩がある

　顧客の個人情報や内部文書などの機密データが、社員や関係者によって外部に漏れる情報漏洩が大きな問題となっています。意図的に情報を漏洩する場合と、本人はそのつもりはなかったのにうっかり情報を漏洩してしまう場合がありますが、ネットワーク管理者として、どのような対処ができるのか考えてみましょう。

　販売目的で顧客情報を持ち出すなどの意図して行う情報漏洩に対しては、**ID・パスワードの管理とアクセス権限の管理を徹底する**のが第一です。退職、異動した社員のアカウントが不正利用されたケースもあります。しかし、正規に利用できる権限を持つ社員が立場を悪用して持ち出したら漏洩を防げません。もしそうなった場合にも直ちに状況を把握できるよう、**記録（ログ）をきちんと取っておくこと**が大事です。ログの正確性を高めるため、**ID の貸し借りを行わない**よう社員に徹底しましょう。また、入力中のパスワードを盗み見られるなどの**ソーシャルハッキング**にも対策が必要です。SNSやブログへの書き込み、メールを通じた情報漏洩に対しては、**コンテンツフィルタリング**が有効です。情報を盗む標的型攻撃メール対策として、不用意に添付ファイルを開かないことも徹底しましょう。

　「家で仕事をするから」とデータを持ち出して自宅のコンピュータに保存したところ、ウイルスの被害に遭ってインターネットに公開してしまったというケースは後を絶ちません。持ち出したノートPCやUSBメモリを紛失するケースもあります。**「社内のデータは持ち出さない」が基本です**。しかし、社員は「持ち出さなければ仕事にならないから」持ち出すのです。業務上、データを持ち出す必要がある社員にはパスワードでロックできる製品を支給し、紛失に備えます。また、クライアントの性能や業務形態を見直すなど、持ち出さなくても済む環境作りを心がけることも大切です。

管理者とユーザーがとるべき情報漏洩対策

意図的な情報漏洩

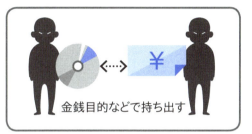
金銭目的などで持ち出す

インターネットに機密情報を公開

対策

- ID、パスワード、アクセス権限の管理をきちんと行う
- ログをとっておく
- コンテンツフィルタリングの導入

- パスワードの管理はきちんとする
- IDの貸し借りはしない

意図的ではない情報漏洩

紛失

自宅のコンピュータがウイルスの被害にあって流出

- パスワードでロックできる製品を導入
- データを持ち出さなくてもよい環境作り

- データは持ち出さないのが基本

Chapter 6

▼

10

グローバルIPで判明する企業・団体名

社内からの書き込みは
相手に簡単にわかってしまう

グローバルIPを取得している企業・団体名を調べるのは簡単

　企業ネットワーク内のクライアントからインターネットの掲示板に投稿したら、企業名がわかってしまい大騒ぎになったというケースが起きています。どうして企業名がわかってしまうのでしょうか。

　クライアントからインターネットの掲示板に文章を投稿したとします。ユーザーの感覚では、一方的に文字データを掲示板に送っているように思えます。しかし、実際は**クライアントとサーバーの間でデータをやり取りしています**。つまり、**サーバーにはクライアントのグローバルIPがわかっているのです**。そうしないと、データのやり取りはできません。

　インターネットに公開しているサーバーはセキュリティ対策や利用状況の調査などの目的で、サーバーを利用したクライアントの情報をログとして保存しています。ログを調べれば、投稿したクライアントのグローバルIPがわかります。グローバルIPがわかれば、そのグローバルIPをどの企業や団体が取得しているのかわかります。日本ではJPNICがグローバルIPから、そのグローバルIPを取得している企業や団体名を調べるウェブサイト「whois」を提供しています。これは誰でも利用できます。

　企業ネットワークの場合、ゲートウェイにグローバルIPを付けます。相手側にわかるのはゲートウェイのグローバルIPで、どのクライアントなのかまではわかりません。しかし、ゲートウェイのグローバルIPは企業が取得したものなので、企業名は簡単にわかってしまいます。掲示板運営者がグローバルIPを公開したり、グローバルIPを掲示板に表示させるいたずらにひっかかって公開してしまったら、企業名はすぐに知れ渡ってしまいます。

　このような被害を防ぐため、多くの企業ネットワークでは、**アプリケーションレベルゲートウェイ**で、インターネットの掲示板やブログは閲覧できても投稿できないよう制限するなどの対策を講じています。

どこから書き込んだかは誰にでもわかる

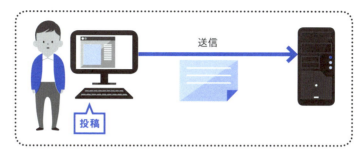

このようなイメージを持つかも知れないが、
実際のデータの流れは双方向の「やり取り」

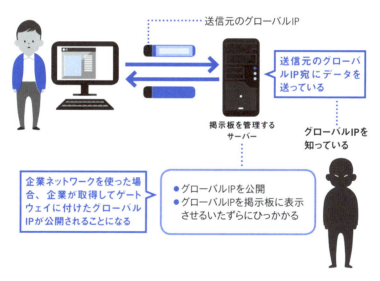

送信元のグローバルIP

送信元のグローバルIP宛にデータを送っている

掲示板を管理するサーバー

グローバルIPを知っている

企業ネットワークを使った場合、企業が取得してゲートウェイに付けたグローバルIPが公開されることになる

- グローバルIPを公開
- グローバルIPを掲示板に表示させるいたずらにひっかかる

あ！
○○社だ！

グローバルIPから、取得している企業・団体を調べるのは誰でも簡単にできる

Chapter 6 ▶ 10　社内からの書き込みは相手に簡単にわかってしまう　161

Chapter 6

11

データを暗号化して改ざんや盗み見を防ぐ

ウェブサービスで使われる暗号化技術「SSL/TLS」

データ暗号化、なりすまし防止、改ざん防止の3つの役割がある

インターネットでやり取りされるデータは、誰でも内容を見られる状態で流れています。そのため、データを盗み見たりデータを改ざんされる危険性があります。そこで、IDやパスワード、個人情報などの盗み見られては困るデータをやり取りする際には、暗号化技術を使います。暗号化技術の役割は3つあります。1つ目は、データを暗号化して盗み見を防ぎます。2つ目は、データをやり取りする相手が、相手になりすましている第三者ではなく、本当にやり取りしたい相手であることの認証です。3つ目は、送信したデータと受信したデータが同じものなのか、改ざんされていないかを検出することです。

ウェブサービスでよく使われているのが、SSL/TLS（Secure Socket Layer/Transport Layer Security）です。SSL/TLSは、TCP/IPのアプリケーション層とトランスポート層の間に位置するので、HTTPやSMTP、POPなどのプロトコルと組み合わせて暗号化することができます。SSL/TLSでは、複数の暗号化方式が用意されており、どれを使用するのか選べます。データをやり取りする相手が本物かどうかを認証するには、SSL/TLSサーバー証明書を使用します。認証機関が発行したSSL/TLSサーバー証明書があれば、クライアントに対して本物のサーバーであることを証明できます。改ざんを検出するには、ハッシュという仕組みを使います。送信側は、データを元にハッシュ値という数値を計算し、データと一緒に送ります。受信側は届いたデータを元にハッシュ値を計算し、一緒に送られてきたハッシュ値と比べます。ハッシュ値が同じならデータも同じ、つまり改ざんされていないと判断します。

暗号化技術を使ってデータをやり取りするには、クライアントとサーバーの両方が暗号化技術に対応する必要があります。一般的なウェブブラウザはSSL/TLSに対応しています。メールの暗号化技術もありますが、受信相手も同じ暗号化技術に対応する必要があるため、あまり普及していないのが現状です。

SSL/TLSの3つの役割

データの暗号化

認証
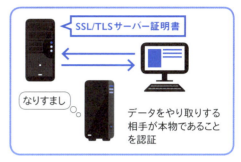

改ざんの検出
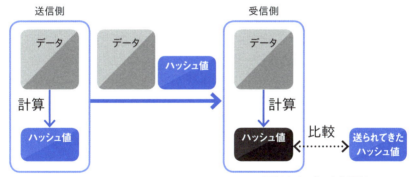

Chapter 6

12

ユーザーに徹底すべきセキュリティの基本

ネットワークを安全に 利用するために

> ちょっとした心がけでセキュリティ効果は大幅にアップする

　ネットワークを利用するユーザーがセキュリティに無関心だと、ネットワーク管理者がセキュリティ対策を講じても効果は半減してしまいます。セキュリティポリシーに沿った使用ルールとともに、以下のようなセキュリティの基本を社員に伝えておくとよいでしょう。

● パスワード管理は慎重に

　パスワードを教えたり、誰もが見えるような場所にパスワードを書き留めておいてはいけません。

● ソフトウェアを勝手にインストールしない

　インターネットからダウンロードしたソフトウェアの中には、悪意のあるデータを含むものもあります。「便利そうなソフトを見つけたから」と軽い気持ちでインストールするのはやめましょう。

● セキュリティに関わるソフトウェアの更新はきちんと行う

　OSのアップデート、ウイルス対策ソフトの更新は必ず行いましょう。自動更新する設定にしておけば安心です。

● ウイルス対策ソフト＋αの心がけでより安全に

　ウイルス対策ソフトは基本ですが、それに加えて「怪しいサイトにアクセスしない」「迷惑メールに書かれているURLをクリックしない」「よくわからない添付ファイルを開かない」などに気を付ければより安全性が高まります。

● ネットワークの利用状況は管理者が把握できる

　操作している現場を見られなければ大丈夫、と思っている人もいますが、ネットワークの利用状況は基本的に全部ネットワーク管理者が把握できます。私用でインターネットを利用したり、許可なくデータを持ち出さないようにしましょう。

164

「当たり前」のことも言っておく

ユーザーに伝えておきたいセキュリティの基本

- ☑ パスワード管理は慎重に

教えない　　　誰もが見られる場所に書き留めない

- ☑ ソフトウェアを勝手にインストールしない

必要なソフトがあったら申請してください

危険なデータを含んでいることもある

- ☑ Windowsとウイルス対策ソフトは必ず更新

- ☑ ウイルス対策ソフト＋αの心がけ
  - 怪しいウェブサイトにアクセスしない
  - 迷惑メールのURLをクリックしない
  - よくわからない添付ファイルは開かない

- ☑ 無断持ち出し、私用はやめましょう

こっそりデータをコピー

調べればわかります

私用メール
業務に関係ない
ウェブサイトの閲覧

Chapter 6 ▶ 12　ネットワークを安全に利用するために

Column

暗号化したデータで ウェブサイトを利用できるHTTPS

　ウェブページを表示する際には、ウェブブラウザとウェブサーバーの間で決まったプロトコルを用いてデータをやり取りしています。108ページで取り上げたHTTPは、一般的に使われているプロトコルで、データはそのままやり取りされています。

　しかし、インターネットが広く普及し、データの盗聴や改ざんが問題になってきました。そこで、HTTPにSSL/TLS（162ページ参照）を使用し、データを暗号化してより安全にやり取りできるようにしたプロトコルがHTTPS（Hyper Text Transfer Protocol over Secure Socket Layer）です。HTTPSを使用する際は、URIのスキームが「http」ではなく「https」になっているので、一目でわかります。例えば、住所やクレジットカード番号などを入力するオンラインショッピングなどでHTTPSを使用します。ほかにも、オンラインバンキングをはじめとして、会員制サイトでもIDやパスワードがログインに必要ですし、SNSでも個人データをやり取りします。このように、盗聴されたり改ざんされると被害が生じるサイトとの接続では、HTTPSを使用するのが一般的になってきました。さらに、暗号化されていないページを表示しようとすると警告を出すウェブブラウザもあります。今後ますますHTTPSでの接続が増えるでしょう。

　しかし、HTTPSを使っていれば安全かというと、そうとも限りません。例えば、見た目が本物のウェブサイトにそっくりなフィッシングサイトもHTTPSを使用しています。ただし、HTTPSでは暗号化するために証明書が使用されています。証明書の詳細を調べることで、サイトの運営企業が本物かどうか見分けることが可能です。

166

Chapter

7

ネットワークの
構築と管理

本章では、ネットワークを構築する
にあたっての基礎知識や管理・運用
のノウハウについて解説します。基
礎となる構成の発案から実際の構
築、その後の運用までを順を追って
みていくことにしましょう。

Chapter 7 ▼ 1

どんなネットワークで何をするか

ネットワーク構成を考える

まずはネットワークで何をしたいのかを全部書き出してみよう

　新規でネットワークを構築することになったとしたら、まず最初に決めるのは **「ネットワークで何をするか」**、そして **「どんなネットワークにしたいか」** です。

　まず、ネットワークを構築して何をするのか、1つ1つ書き出してみましょう。「インターネットに接続」「ウェブサーバー、メールサーバー、DNSサーバーの構築」「社内の情報共有」「プリンタの共有」「グループウェアの導入」などです。もっと詳しく書ける項目があれば、それも書き足していきます。例えば「社内の情報共有」を「ファイルサーバーの構築」、さらに「部門別に1つずつ、それとは別に全社共通のファイルサーバーの構築」と具体的にしていきます。

　次に「どんなネットワークにしたいか」を整理します。「セキュリティを強固にしたい」「ほかの部門にあるプリンタやサーバーには、アクセスできないようにしたい」「後でコンピュータや機器を増設するときに困らないようにしたい」など、企業によってさまざまな要望があるかと思います。すべて書き出して、必ずネットワーク構成に盛り込む項目、コストなどに余裕があれば行う項目に分けて優先順位を付けます。

　ネットワーク管理者、管理部門のメンバーだけでなく、ネットワークを利用するユーザーにも意見を聞いてみましょう。「プリンタがいつも混み合っていて使えない」「ネットが遅い」「迷惑メールが多くて困る」「部門別に掲示板が欲しい」など、ネットワーク管理部門では気付かない改善点が見つかります。

　これらの作業を行うことで、どのようなネットワーク構成にするのか、さらに何を用意すればよいのかが見えてきます。

書いてわかるネットワーク構成

ネットワーク構成を考えるときにまずやるべきこと

ネットワークで何をするのか
どんなネットワークにしたいか ┄┄> すべて書き出してみる

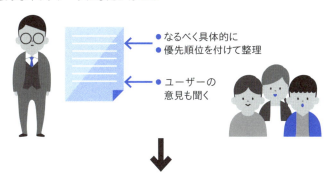

- なるべく具体的に
- 優先順位を付けて整理
- ユーザーの意見も聞く

この作業でどのようなネットワーク構成にするのかが見えてくる

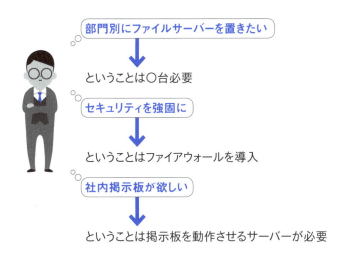

部門別にファイルサーバーを置きたい
↓
ということは○台必要

セキュリティを強固に
↓
ということはファイアウォールを導入

社内掲示板が欲しい
↓
ということは掲示板を動作させるサーバーが必要

構成が一目でわかり、運用・管理にも役立つ

ネットワーク構成図を描く

> 実際に図にすることで問題点が見えてくる

　大まかなネットワーク構成が決まったら、それを**ネットワーク構成図**にしてみましょう。図にすることで、具体的なイメージがわきます。ネットワーク構成図を描くためのソフトウェアはマイクロソフト社の「Visio」が有名ですが、無料のソフトウェアや表計算ソフトなども使われています。

　最初は、**ネットワークのグループ分けから始めましょう**。企業ネットワークを構築する場合、1つの企業ネットワークを、複数の小さなグループに分割します。ここで決めたグループが、小さなネットワークになります。グループ分けをするときは、「利用できるサーバーや機器」「インターネットからの接続を受け入れるか」のような基準を決めて、同じものをまとめていきます。ウェブサーバー、メールサーバー、DNSサーバーといったインターネットに公開するサーバーは、「インターネットからの接続を受け入れるグループ」としてまとめます。受け入れないグループには、その他のクライアントや社内サーバーが入ります。利用できるサーバーやプリンタなどの機器を考えると、さらに「総務部グループ」「営業部グループ」などと部門別のグループに分けられるでしょう。

　大まかなネットワーク構成図が完成したら、スイッチなどのネットワーク機器（174ページ参照）や各種サーバーなどを配置し、ケーブルを表す線でつないだより詳しいネットワーク構成図を描きます。各ネットワークやサーバーなどに付けるIPアドレスも書き込みます。こうして完成した、ネットワークとしてどのような構成になっているかを表す図を**論理構成図**と呼びます。そして、実際の配線や機器の設置場所を記した**物理構成図**も作成します。

　ネットワーク構成図は構築時だけでなく、構築後の管理、運用の際にも有用な資料となります。構築後に構成に変更があったら更新して「これさえ見ればネットワーク構成が一目でわかる」状態にしておきましょう。

論理構成図と物理構成図

最初は大まかな図を描いてみる

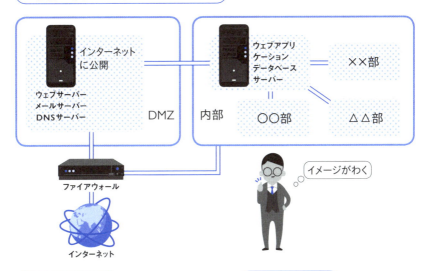

論理構成図

ネットワークの構成がわかる図

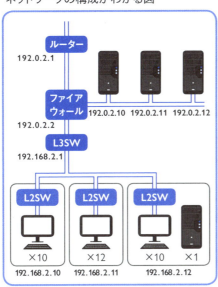

物理構成図

配線や設置場所がわかる図

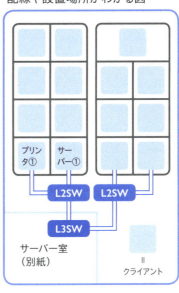

Chapter 7 ▶ 2　ネットワーク構成図を描く | 171

Chapter 7

3

まず必要なのはコンピュータとOS

サーバー用のハードウェアと
ソフトウェアを用意する

Windows Serverを採用する場合はライセンスを購入する必要がある

サーバーとして使用するハードウェアは、安定性と処理速度を考えて選び
ます。大規模ネットワークでは専用に設計されたエンタープライズサーバーを
採用していますが、一般的には普通のパソコンと設計上は同じPCサーバー
を使用します。性能がよいに越したことはないのですが、コスト面での問題も
あるので、あまり高性能でなくてもよいサーバーは、以前使っていた古いハー
ドウェアを使うなどして工夫しましょう。

サーバーの形状は、タワー型、ラック型、ブレード型があります。**タワー
型**は、普通のタワー型パソコンと同じです。**ラック型**は、専用の収納ラック
に収まる形状をしています。**ブレード型**は、電源など共用する部品を備えた
「エンクロージャ」に、その他の部品を搭載したブレードと呼ばれる抜き差し
可能なサーバーを収納するものです。ブレード型は電源などの共有できる部
分を1つにまとめているので、ラック型に比べてスペースをとりません。

サーバーに採用するOSは、クライアント用ではなくWindows Server
などのサーバー用のOSを選びます。Windowsのクライアント用OSは同
時に接続できるユーザー数に制限があるので、サーバー用には使えません。

Windows Serverを採用するときに注意したいのが**ライセンス**です。
Windows Serverの場合、サーバー用OSを使用するためのサーバーラ
イセンスと、クライアント用のCAL（クライアントアクセスライセンス）の両方を
購入する必要があります。CALはユーザーの数だけ購入するユーザーCAL
と、コンピュータやモバイル端末などのデバイスの数だけ購入するデバイスCAL
があります。ひとりのユーザーが複数のデバイスを使用している場合はユーザー
CALの方が得ですが、1台のコンピュータを複数のユーザーで共有している
場合はデバイスCALを選んだ方が安く済みます。まとまった数のライセンスを
購入する企業のために、ボリュームライセンスも用意されています。

必要なハードウェアとソフトウェア

ハードウェア（サーバー用コンピュータ）

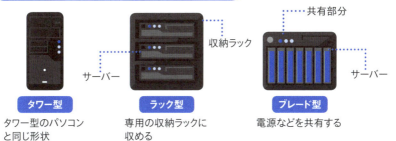

ソフトウェア（OS）

●Windows Serverはサーバー用とクライアント用のライセンスが必要

ユーザーの数だけ用意
… ユーザーCAL

3台使ってもライセンスは2人分のみ

デバイスの数だけ用意
… デバイスCAL

3人使ってもライセンスは2台分のみ

Chapter 7
4

ハブ、スイッチ、ルーターの違い

さまざまなネットワーク機器

似ているようで違う3種類のネットワーク機器

　よく使用されている「ハブ」「スイッチ」「ルーター」の基本的な機能と違いを知っておきましょう。

● **ハブ**
　スター型LANの中心となるネットワーク機器で、ケーブルを中継するために使います。ハブにデータが届いたら、途中で劣化した電気信号を元通りに直して接続されている相手に送ります。**リピータハブ**は接続されているすべての相手に送ります。**スイッチングハブ**は「レイヤ2スイッチ」「LANスイッチ」とも呼ばれ、データの宛先を判断し、宛先だけに送ります。現在使われているハブの多くは、スイッチングハブです。

● **スイッチ**
　宛先を選んでデータを送る機能を持ったネットワーク機器のことで、通信速度が異なるポート間の通信も可能です。OSI参照モデルのどのレイヤまでを扱えるかによって、「レイヤ2スイッチ」「レイヤ3スイッチ」などと呼び分けます。レイヤ2スイッチは、スイッチングハブ（LANスイッチ）のことです。宛先を判断するときに使うアドレスは、レイヤ2スイッチは**MACアドレス**（第2層データリンク層）、レイヤ3は**IPアドレス**（第3層ネットワーク層）です。それぞれ「L2SW」「L3SW」と略して表すこともあります。

● **ルーター**
　異なるネットワークを接続するための機器で、OSI参照モデルの第3層ネットワーク層までを扱います。レイヤ3スイッチとの違いは、「レイヤ3スイッチの方が処理速度が速い」「ルーターは複数のプロトコルに対応しているがレイヤ3スイッチはTCP/IPのみ」という点ですが、製品によってはこの特徴に当てはまらないこともあり、ほぼ同じものとされています。LAN内ではレイヤ3スイッチ、インターネットやWANへの接続はルーターが使われています。

ハブ、スイッチ、ルーター

ハブ

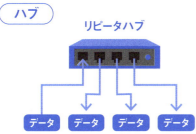
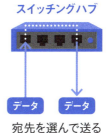

すべてにデータを送る　　宛先を選んで送る

スイッチ

- **宛先を選んで送る機能がある**

  この機能があればスイッチと呼ぶ

- **L3SW** … スイッチ（Switch）

  OSI参照モデルのレイヤを表す
  （L3＝レイヤ3、L2＝レイヤ2）

ルーター

異なるネットワークを接続するときに使う

LAN内ではL3SWを使う

インターネットやWANへの接続はルーターを使う

Chapter 7

5

ネットワークをグループ分け

ネットワークを小さな
ネットワークに分割する

2種類あるネットワークの分割方法

　企業ネットワークを構築する際は、1つのネットワークを複数の小さなネットワークに分割します。ネットワーク構成図を描く際にグループ分けの作業を行いましたが、そのときに決めたグループが小さなネットワークになります。グループの数だけ小さなネットワークが必要になります。

　小さなネットワークに分割することで管理しやすくなるほか、ネットワークの負荷を軽減できるメリットがあります。コンピュータや機器が増えると、ネットワークに流れるデータの量も増えます。また、特定のネットワーク機器に負担が集中することも考えられます。小さなネットワークに分けて分散させることで、ネットワークを効率よく動作させることができるのです。

　1つのネットワークを分割する方法には、**サブネッティング**と**VLAN**があります。サブネッティングとは、サブネットマスクを使ってネットワークアドレスを表す部分を増やし、小さなネットワーク（サブネット）を作ることです（64ページ参照）。サブネットマスクは、必要なサブネット数から割り出します。IPアドレスを節約するため、各サブネットマスクの値を変えて調節できますが、LANの場合はプライベートIPを使うので、すべて同じサブネットマスクの値にしてわかりやすくするのが一般的です。

　VLAN（Virtual LAN）は、LANの中に仮想的に小さなLANを作るもので、物理的に離れた場所にあるコンピュータや機器を1つのVLANにすることもできます。VLAN機能を備えたスイッチやルーターで設定するだけで完成しますが、これだけだとほかのネットワークとのデータのやり取りができません。そこでVLANごとに異なるネットワークアドレスを持つIPアドレス範囲を割り当て、別々のネットワークとして区別し、ルーターでほかのネットワークに接続します。

サブネットマスクでネットワークを分割

大きなネットワークのデメリット

ネットワーク

1つの大きなネットワークにすると…
- 管理が大変
- ネットワークに大量のデータが流れてしまい、負担が大きい
- 特定の機器に負担がかかる

 対策

小さなネットワークに分割する

分割方法にはサブネッティングとVLANがある

サブネットマスクは何にすればよいか

① 必要なサブネットの数を表す分だけ、ネットワークアドレスを表す部分を増やすことになる

② 必要なサブネットの数を表すには、2進数で何桁必要になるかを計算する

> 桁数の分だけ2をかけた数が表せるネットワークの数になる
> 4桁 … 2×2×2×2＝ 16 ←ネットワークの数
> ▼
> ネットワークが16必要なら4桁必要

③ サブネットマスクを計算する

> 元のIPアドレスのネットワークアドレス部分の桁数（2進数）＋ ②で出した桁数
> 　＝サブネットマスクを2進数で表記したときの先頭から「1」の数
> ▼
> 元々のIPアドレスが24桁（/24）なら24＋4で28桁（/28）となる

④ 10進数に変換する

⑤ サブネットあたりの表せるIPアドレスの数が実際に割り当てる数に足りているかを見る

> 元のIPアドレスがクラスCだと足りないケースも出てくる
> その場合は、元のIPアドレスをクラスAかBに変更する

回線契約時にしておくべきこと

インターネットに接続する

必要なグローバルIPの数を計算してからISPと契約する

　企業ネットワークをインターネットに接続するには、法人向けのインターネット接続サービスを利用します。回線事業者やISPと契約して、**回線設備**と**グローバルIP**を用意します。インターネット接続に必要なものとは、そのほかにもインターネット接続用のDNSサーバー（フルサービスリゾルバ）とAS番号があります。フルサービスリゾルバは、企業ネットワーク内に構築するのが一般的です。AS番号は、ISPが取得しているAS番号を使うので割り当ててもらう必要はありません。

　利用する回線は、ADSLやFTTH、専用線などがあります。LANとLANをつないでWANを作る場合はIP-VPNや広域イーサネット、専用線などを利用します（82ページ参照）。回線を敷設する工事の際、ビルの共用部分での作業が発生するので、ビルの管理会社などに事前に連絡しておきましょう。

　また、契約時に注意したいのが、割り当ててもらうグローバルIPです。社内にウェブサーバーなどのインターネットに公開するサーバーを設置する場合は、社外からのアクセスが可能になるよう常に同じグローバルIPアドレスを使用する「**固定IP**」のサービスを利用します。設置しない場合は、「固定IP」である必要はありません。ISPによって、オプションとして「固定IP」を提供しているところや、法人向けでも「固定IP」とそうでないサービスを別々のコース名称で提供しているところがあるので契約前に確認しましょう。

　「固定IP」サービスでIPSから割り当てられるグローバルIPの数は、通常「1個」「8個」「16個」「32個」……という単位で契約します。ウェブサーバー、メールサーバー、DNSサーバーを公開する場合は、「8個」で契約することが多いようです。「固定IP」は割高ですし、割り当てられるグローバルIPの数が多ければそれだけ料金がかかります。必要な分だけ割り当ててもらうようにしましょう。

インターネット接続までの流れ

回線設備

敷設工事が必要　　担当者

工事をすることを管理会社などに連絡する

利用する回線はADSL、FTTH、専用線など

グローバルIP

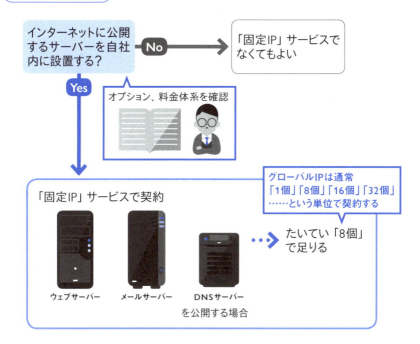

インターネットに公開するサーバーを自社内に設置する？
- No → 「固定IP」サービスでなくてもよい
- Yes → オプション、料金体系を確認 → 「固定IP」サービスで契約

ウェブサーバー　メールサーバー　DNSサーバー
を公開する場合

グローバルIPは通常「1個」「8個」「16個」「32個」……という単位で契約する

たいてい「8個」で足りる

Chapter

7

カテゴリ別ツイストペアケーブル

LANケーブルで機器を接続する

イーサネットの規格に合わせたケーブルを選ぶ

コンピュータやネットワーク機器を接続するためのLANケーブルは、転送速度や接続するコンピュータや機器が対応しているイーサネットの規格とLANケーブルの規格に合わせて選びます。

LANで使われているイーサネットの規格には、**10BASE-T**、**100BASE-TX**、**1000BASE-T**などがあります。規格名の最初の数字は転送速度を表します。転送速度が100Mbpsの規格を**Fast Ethernet**、1000Mbpsの規格を**Gigabit Ethernet**と呼びます。なお、**100BASE-T**とは、100BASE-TX、100BASE-T2、100BASE-T4の総称です。100BASE-Tを使うように指定してある場合は、100BASE-TXを選べば大丈夫です。

LANケーブルの規格としてよく耳にするのが、カテゴリです。これはイーサネットではなく、**ツイストペアケーブル**（撚り対線）の規格です。ツイストペアケーブルとは、電線を２本ずつ撚り合わせたケーブルのことです。カテゴリはケーブルが伝送できる周波数帯域と通信速度によって分けられており、数字が大きいほど伝送帯域と通信速度の数字も大きくなります。カテゴリごとに対応しているイーサネットの規格が異なるので注意しましょう。よく使われているのが、カテゴリ5eです。カテゴリ5のケーブルを指定している機器にカテゴリ6のケーブルを使うなど、カテゴリの数字が機器の指定より大きいケーブルを使うことができます。

また、ケーブルには、細い銅線が集まってできている**「撚り線」**を使っているものと、１本でできている**「単線」**を使っているものがあります。撚り線は、柔らかく取り回しやすいという特徴があります。単線は、長距離でも安定した通信が行えます。長距離の場合や安定性を求められる箇所には単線、デスク周りの接続では取り回しやすい撚り線が使われています。

180

いろいろあるLANケーブル

LANケーブルとカテゴリ

●主なイーサネットの規格とLANケーブルの種類

分類	Thick Ethernet	Fast Ethernet	Gigabit Ethernet			10 Gigabit Ethernet
規格	10BASE-T	100BASE-TX	1000BASE-T	1000BASE-SX	1000BASE-LX	10GBASE-T
ケーブル	ツイストペアケーブル (UTP)	ツイストペアケーブル (UTPカテゴリ5)	ツイストペアケーブル (UTPカテゴリ5)	光ファイバー	光ファイバー	ツイストペアケーブル
通信速度	10Mbps	100Mbps	1000Mbps	1000Mbps	1000Mbps	10Gbps
最大伝送距離	100m	100m	100m	550m	5km	100m
備考	ハブの多段接続は3段階まで	ハブの多段接続は2段階まで	両端の機器を入れ替えるだけで、既存の100BASE-TXネットワークをGigabit Ethernet対応にできる	企業の基幹的なバックボーンLAN回線に使用される場合が多い	企業の基幹的なバックボーンLAN回線に使用される場合が多い	100BASE-T、1000BASE-Tと互換性あり

●カテゴリ…ツイストペアケーブルの規格

	最大速度	最大伝送帯域	対応する規格
カテゴリ3	10Mbps	16MHz	10BASE-T
カテゴリ5	100Mbps	100MHz	100BASE-TX
カテゴリ5e	1Gbps	100MHz	1000BASE-T
カテゴリ6	1Gbps	250MHz	1000BASE-TX
カテゴリ6A	10Gbps	500MHz	10GBASE-T
カテゴリ7	10Gbps	600MHz	10GBASE-T

ツイストペアケーブル（撚り対線）の種類

撚り線と単線がある

短距離なら取り回しやすい撚り線

長距離なら安定性がある単線

サーバー、ネットワーク、ストレージの冗長化

冗長化とは

障害に備えて予備の設備を用意しておく

冗長化とは、障害が起きたときのために予備を用意しておくことです。サーバーに障害が起きたことを考えて同じサーバーを複数台用意しておき、1台に障害が起きても残りのサーバーがネットワークサービスを提供します。これを**サーバーの冗長化**と言います。同様に、冗長化する対象に応じて**ネットワークの冗長化**、**ストレージの冗長化**などがあります。

ネットワークの冗長化は、インターネット回線を複数用意して、どちらか一方が使えなくなっても、もう一方の回線で接続できるようにすることなどが挙げられます。ネットワーク内での障害に備えて、複数のデータの通り道を作っておくのもネットワークの冗長化です。

ストレージとは、ハードディスクに代表されるデータ記録装置のことです。ストレージの冗長化は、障害に備えて複数のストレージを用意しておくことです。複数台のハードディスクを1台のハードディスクのように使える**RAID**技術を使い、同じデータを複数のハードディスクに保存しておく方法などが使われています。

冗長化する際は、単に同じものを2つ用意するのではなく、**一方に障害が起きても、もう一方が正常に動作することを考えて用意します**。例えばインターネット回線を2回線確保して冗長化する場合、別々のISPと契約すると、一方のISPのネットワークに障害が起きても、もう一方が使えます。同じISPから2回線分を用意していたら、両方とも障害が起きてしまいます。ビル全体の電気トラブルで障害が起きることも考え、予備は物理的に別の場所に設置した方がより安全です。

企業ネットワークには、冗長化は欠かせません。ただし、コストと手間がかかり、ネットワーク構成も複雑になります。そのため、「これだけは障害が起きたら困る」という部分を優先しましょう。

機器は複数あると安心

障害に備えて予備を用意しておく=冗長化

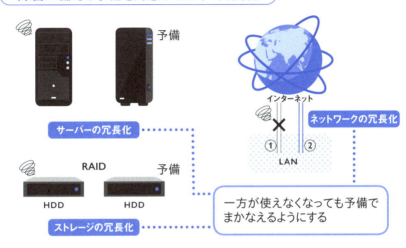

冗長化の方法

別々の場所に設置　　別々のサービスを利用

冗長化のデメリット

冗長化は必要！

しかし、冗長化にはコストがかかる ネットワーク構成も複雑になる

優先順位を決めて冗長化を進める

Chapter 7

9

SNMPを使った管理システム

ネットワークを監視して円滑に運用する

管理ツールを導入するなどして管理しやすい体制を整える

　ネットワーク管理者の仕事で、最も重要なのが、稼働中のネットワークを管理することです。ネットワークに参加しているコンピュータや機器が正常に動作しているか、外部からの攻撃を受けていないかなどを常に監視します。障害を発見したら、原因を突き止め対処します。

　しかし、ネットワークに参加しているたくさんのコンピュータや機器を1つずつ監視するのは非常に手間がかかります。そこで、効率よくネットワークを監視するためのプロトコル **SNMP**（Simple Network Management Protocol）を使います。SNMPはアプリケーション層に属するプロトコルです。下位のトランスポート層のプロトコルとしてUDPを使用します。

　SNMPを使った管理システムでは、管理する側を**マネージャ**、管理される側を**エージェント**と呼びます。SNMPマネージャソフトを導入したコンピュータがマネージャになります。管理対象となるサーバーや機器には、SNMPエージェントソフトを導入します。また、SNMPエージェントソフトがあらかじめ組み込まれている機器もあります。

　エージェントには、管理に必要な情報が保存されています。この情報を**MIB**と呼びます。機器の種類によって、MIBに保存される情報は異なります。サーバーなら空きディスク容量、ルーターならIPアドレスなどのルーティングに関わる情報を保存しています。MIBをマネージャで参照することで、エージェントがどのような状態なのかを監視できます。エージェント側で事前に「このようなことが起きたら通知する」と条件を設定しておき、マネージャに自動的に通知することも可能です。通知を受け取ったマネージャはアラートを表示したり、メールを送信するなどして障害が起きたことをネットワーク管理者に知らせます。

SNMPの仕組み

SNMPを使ってネットワークを監視する

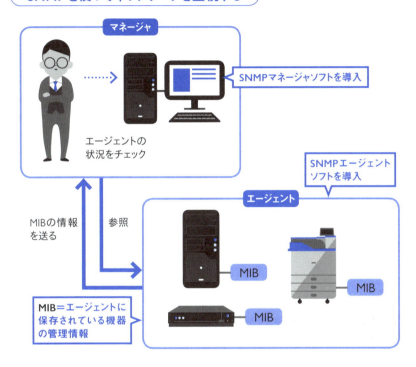

障害が発生したら……

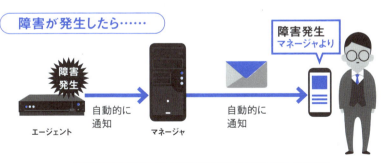

Chapter 7

10

障害の原因は順序立てて調べる

障害の原因を「切り分け」
で突き止め対処

レイヤの下から上へ、近い場所から遠い場所へとチェックしていく

　ネットワークに障害が発生した場合、最初にネットワークのどの箇所に原因があるのかを特定します。これを **「切り分け」** と呼びます。例えば、「メールが使えない」という障害の場合、思い付くままにネットワークの状態をチェックするのではなく、原因となりそうな箇所を順番に調べていきます。クライアントのメールソフトの設定が間違っていないか確認して、間違っていないとわかったらクライアントのソフトが問題ではない、と切り分けていきます。そのほか、LANケーブルを取り替える、メールサーバーへの通り道となるネットワーク機器やケーブルを順番に確認していく、などと切り分けていきます。

　障害の切り分けを行うときは、まず、**どのような障害が起きているのかを詳しく把握します。**メールが使えないといった場合でも、「ほかにも使えないユーザーはいるのか」「いつから使えなくなったのか」「ほかのネットワークサービスは使えているのか」「メールの送信と受信、どちらができないのか」「障害が発生するきっかけがあったか」などをチェックします。この時点で、ある程度の切り分けができるでしょう。

　原因と思われる箇所をチェックする場合は、**「レイヤの下から上へ」**、**「近い場所から遠い場所へ」**という順で行います。一番下のレイヤはOSI参照モデルでは物理層です。ケーブルが抜けていないか、電源は入っているか、機器が壊れていないか、などを確認します。そして、順番に上位のレイヤが担当している箇所をチェックしていきます。「近い場所から遠い場所へ」は、まず障害が起きていることを確認したコンピュータから始め、コンピュータに接続しているLANスイッチ、次にルーター、その先のゲートウェイやサーバー、と順番にチェックしていきます。いちいち順番にチェックしていくのは面倒なようですが、順序立てて作業し、切り分けていく方が早く解決できます。

186

「切り分け」の方法

なぜ「切り分け」るのか

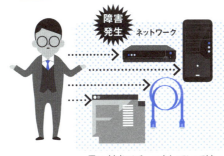

思い付きでチェックしていては原因はわからない

順番にチェックして原因を特定する

どう「切り分け」るのか

レイヤの下から上へ

近い場所から遠い場所へ

Chapter 7

11

運用・管理は業者に任せた方がよい場合もある

アウトソーシングを活用する

セキュリティと運用・管理の手間を考えて任せる部分を決める

　ネットワークの構築、管理・運用を専門の業者に任せる**アウトソーシング**の形態をとる企業も増えています。構築や管理・運用を委託するケースが代表的なものですが、業者の施設内に設置されているサーバーをインターネット経由で利用する**SaaSサービス**などもあります。

　アウトソーシングすることでコストはかかりますが、専門知識を持った経験豊富な業者が担当するので、高品質で安定したネットワークを構築できます。サーバーの構築、管理・運用の手間を軽減できるというメリットもあります。特に攻撃対象になりやすいウェブサーバー、停止すると業務も停止してしまうメールサーバー、インターネットに欠かせないDNSサーバーなど、インターネットに公開するサーバーに関しては、アウトソーシングするケースが多く見られます。これらのサーバーを常時監視して正常に動作させ、セキュリティ対策を施すのは大変な労力がかかります。専任のネットワーク管理者が担当できるならよいのですが、ほかの業務を行っている社員がネットワーク管理者を兼ねている場合は、荷が重すぎます。また、停電に備える電源設備や、インターネット経由でサーバーにやってくるアクセスを受け入れられるだけの充実した回線設備、急なアクセス増に備えて複数のサーバーを用意して必要に応じて切り替えることも必要になります。これらを考慮すると、アウトソーシングした方が、コストがかからないというケースも出てきます。

　ただし、業者に任せるのだから何も知らなくてもよいということではありません。**業者に要望を伝えるとき、障害を報告するときなどに、ネットワークの基本知識は大いに役立ちます**。また、任せた方が安心なところはアウトソーシングで、自社で行った方がよいところは自社で、と使い分けるのがアウトソーシングの賢い利用方法です。その判断も、ネットワークの知識があってこそできるものです。

188

アウトソーシングのメリットと利用方法

アウトソーシングのメリット

インターネットに公開するサーバーをアウトソーシングした場合

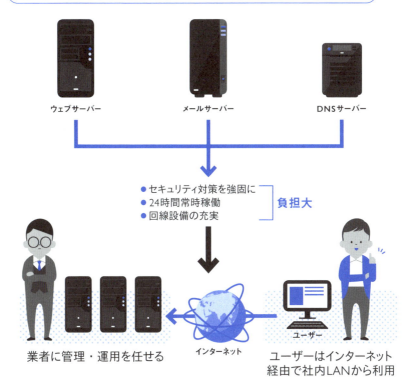

Index

記号・数字

3ウェイハンドシェイク.....................44

A～I

ADSL.......................................30
ARP.............................40, 52, 76
AS..90
CIDR.......................................66
CMS.......................................128
CSMA/CD.................................104
CSS.......................................124
DHCP..................................58, 94
DMZ......................................148
DNS......................................118
DNSサーバー..............................24
EGP..90
FTP...................................46, 116
FTTH.......................................28
HTML.....................................124
HTTP...................46, 108, 126
HTTPS...................................166
IaaS......................................138
ICANN................................24, 68
ICMP.......................................40
IDS.......................................150
IGP..90
IMAP..................................46, 110
IP..40
IPS.......................................150
IPv4.......................................58
IPv6.......................................78
IP-VPN...............................82, 100
IPアドレス.....................40, 52, 58
ISP...................................24, 26

J～X

JavaScript.................................124
JPNIC......................................24
JPRS.......................................68
LAN..18
LANケーブル..............................180
MACアドレス..........................52, 70
MIB......................................184
NAPT.......................................98
NAT..98
NIC..70

NTP......................................122
ONU.......................................28
OSI参照モデル............................32
OUI..70
PaaS.....................................138
POP3.................................46, 110
PPP..38
RAID.....................................182
RARP.......................................40
SaaS.....................................138
SASL.....................................114
SMTP.................................46, 110
SNMP....................................184
SNS......................................134
SSL/TLS..................................162
SYN..44
TCP...................................42, 54
TCP/IP................................14, 36
Tier1......................................26
UDP...............................42, 54, 122
URI......................................108
URL......................................108
VLAN....................................176
VLSM......................................66
VPN......................................100
WAN.......................................82
WWW.....................................124
XML......................................124

ア行

アウトソーシング.........................188
アクセスポイント.........................102
アプライアンス........................22, 144
アプリケーション層.....................32, 46
アプリケーションレベルゲートウェイ....120, 146
暗号化....................................100
暗号化技術................................162
イーサネット.........................38, 70
インターネット............................18
インターネット層..........................40
ウイルス..................................152
ウイルス対策ソフト........................154
ウェブアプリケーション...................126
ウェルノウンポート番号.....................56
オンプレミス..............................136

| カ行 |

回線交換方式	34, 82
カテゴリ	180
カプセル化	48
キャッシュサーバー	120
クライアント／サーバー型	20
クラウドコンピューティング	136
クラス	60
クラスレスアドレッシング	66
グローバルIP	24, 62, 178
ゲートウェイ	84, 98, 144
固定IP	178
コリジョン	104
コンテンツフィルタリング	120, 156, 158

| サ行 |

サーキットレベルゲートウェイ	146
サーバー	22, 172
サブネッティング	64, 176
サブネットマスク	64
識別子	52
冗長化	182
スイッチ	174
スキーム	108
スタティックルーティング	88
ストリーミング	132
ストレージ	182
セキュリティポリシー	156
セグメント	48
セッション層	32
全二重通信	104
専用線方式	82
ソーシャルハッキング	158

| タ行 |

ダイナミックルーティング	88
ダウンロード	132
ツイストペアケーブル	180
ディレクトリ型	130
ディレクトリサービス	96
データグラム	58
データリンク層	32
デフォルトゲートウェイ	84, 98
動的／プライベートポート番号	56
ドメイン	96
ドメイン名	68, 110
トランスポート層	32, 42
トレーラ	34, 48
トンネリング	100

| ナ行 |

ネットワーク	12
ネットワークアーキテクチャ	32, 36

| | |
ネットワークアドレス	58
ネットワークインターフェイス層	38
ネットワーク構成図	170
ネットワーク層	32
ネットワークトポロジー	106

| ハ行 |

パケット	34
パケット交換方式	34, 82
パケットフィルタリング	146
パッシブモード	116
ハッシュ	162
ハブ	174
パブリッククラウド	136
半二重通信	104
ピア・ツー・ピア (P2P) 型	20
ファイアウォール	144
フォーマット	14
物理層	32
プライベートIP	62
プライベートクラウド	136
フルサービスリゾルバ	118
プレゼンテーション層	32
プレフィックス長	66
ブロードキャスト	72
プロキシ	120
ブログ	128, 134
プログレッシブダウンロード	132
プロシージャ	14
プロトコル	14, 32
ヘッダ	34, 46, 48
ポート番号	42, 52, 54
ホストアドレス	58

| マ行 |

マルチキャスト	72, 74
マルチキャストアドレス	60
無線LAN	102
メールサーバー	110

| ヤ行 |

ユニキャスト	72
予約済みポート番号	56

| ラ行 |

リゾルバ	118
ルーター	62, 84, 86, 174
ルーティング	40, 58, 86
ルートサーバー	118
レイヤ構造	16
ロボット型	130

191

■ 著者略歴

増田若奈（ますだ わかな）
1970年生まれ。上智大学文学部新聞学科卒業。編集プロダクション勤務を経てフリーライターに。主にインターネットのサービス、ネットセキュリティ、理美容家電を中心に執筆。著書に『図解ネットワークのしくみ』『パッとわかるネットワークの教科書』『Web動画配信のしくみがわかる』『10の構文25の関数で必ずわかるCGIプログラミング』（以上、ディー・アート）、『図解 サーバー 仕事で使える基本の知識 ［改訂新版］』（技術評論社）がある。

根本佳子（ねもと かこ）
総合電機メーカーで研究職やシステムインテグレーションを担当後、フリーライター・エディターに転身。インターネットに出会ったのは1987年で、ネットワーク管理者の経験もある。インターネットやPC関連のほか、最新ビジネスやトレンドなどのジャンルもカバーする。

カバー・本文デザイン・イラスト● 新井大輔・中島里夏（装幀新井）
編集・DTP ● 株式会社トップスタジオ

■ お問い合わせについて

本書の内容に関するご質問は、下記の宛先までFAXまたは書面にてお送りいただくか、弊社Webサイトの質問フォームよりお送りください。お電話によるご質問、および本書に記載されている内容以外のご質問には、一切お答えできません。あらかじめご了承ください。

〒162-0846 東京都新宿区市谷左内町 21-13
株式会社 技術評論社 書籍編集部「図解 ネットワーク 仕事で使える基本の知識 ［改訂新版］」質問係
FAX：03-3513-6167
技術評論社 Web サイト：http://gihyo.jp/book/

なお、ご質問の際に記載いただいた個人情報は質問の返答以外の目的には使用いたしません。また、質問の返答後は速やかに削除させていただきます。

図解 ネットワーク 仕事で使える基本の知識 ［改訂新版］

2009年 8月25日 初版 第1刷 発行
2018年 6月 8日 第2版 第1刷 発行
2023年 5月 3日 第2版 第2刷 発行

著 者	増田若奈・根本佳子
監 修	武藤健志
担 当	石井智洋
発行者	片岡 巌
発行所	株式会社技術評論社
	東京都新宿区市谷左内町21-13
	電話 03-3513-6150 販売促進部
	03-3513-6160 書籍編集部
印刷／製本	株式会社加藤文明社

定価はカバーに表示してあります。
本書の一部または全部を著作権法の定める範囲を超え、無断で複写、複製、転載、あるいはファイルに落とすことを禁じます。

©2009 増田若奈／©2018 増田若奈、根本佳子

造本には細心の注意を払っておりますが、万一、落丁（ページの抜け）や乱丁（ページの乱れ）がございましたら、弊社販売促進部へお送りください。送料弊社負担でお取り替えいたします。

ISBN978-4-7741-9777-7 C3055
Printed In Japan